JN123310

工科系学生のための〈リベラルアーツ〉

工科系学生のための〈リベラルアーツ〉

藤本 温・上原直人 編

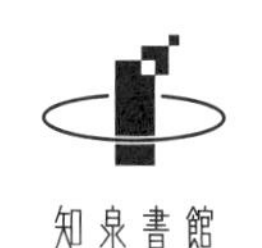

知泉書館

工科系学生のための〈リベラルアーツ〉

目　　次

目　次

目　次

第Ⅱ部

今を生きる〈リベラルアーツ〉

工科系学生のための〈リベラルアーツ〉

序章
リベラルアーツの現在

藤本　温

1　リベラルアーツとは

「リベラルアーツ」とは何でしょうか。また「教養」とは何でしょうか。それらはしばしば同一視されて，どちらも重要であると繰り返し言われてきましたが，ともに曖昧な印象のある言葉です。「リベラル」は「自由」，「アート」は「技，技芸」ということで，それらは「教養」という日本語の「教える」とか「養う」ということには直ちには結びつかないとも感じられることでしょう。ここではまず，そうした言葉の問題ではなく，制度という観点からそれらの共通点ないし特徴を考えてみましょう。

「リベラルアーツ」や「教養」の話題では，様々な知の分野，学問分野が列挙されるという共通点があります。学問分野の細分化が現在ほどは進んでいなかった，それゆえ学ぶべき科目数も少なかったヨーロッパ中世の大学制度においても，専門学部に進む前に，学芸学部において，論理学（弁証論），文法学，修辞学の三学と，算術，幾何学，音楽，天文学の四科といった基礎科目を学ぶことになっており，これらは七つのリベラルアーツ（自由学芸）と呼ばれていました。

日本の大学でいう「教養」に関しても科目が列挙されるのは昔から同じで，1991年頃までの日本の大学では，「一般教育科目」と「専門教育科目」という区分があり，前者を担う「教養」課程では，「人文・社会・自然」と「外国語」「体育」について，学生は履修科目を決めることになっており，「人文・社会・自然」には多数の分野の異なる「教養」科目が挙げられていました。現在の各大学1，2年次の教養科目でも，大学によって違いがあるとしてもこの点では同じです。一例として，私の勤務先である名古屋工業大学では，1，2年生向けの教養科目には「科学と哲学」「公共の哲学」「宗教文化論」「科学思想史」「近現代史」「心理学」「生物と環境」「公共政策論」「経済学」などがあり，計20科目以上の中から，学生は複数の科目を履修することになっています。

リベラルアーツの考え方　どうして多くの異なる学知が挙げられるかというと，リベラルアーツや教養の根底には，専門課程に進む前に，あるいは人間が社会の中で生きていく上で，基礎として様々な知を習得しておくべきだという考え方があるからです。大学で教養科目が一つしかないということは考えられません。今日，リベラルアーツや教養が改めて注目されているのは，専門知や社会生活の基盤となる多様な知が求められる出来事や事件が増えている，あるいは増えていると感じられているからではないでしょうか。

ここでいう「多様な知」は知識の量のことではありません。ある漢字が，たとえば「額田王」が読めないと「教養がない」と言われることが日常の場面であったとしても，それは本書で扱う「教養」と同一ではありません。むしろ，様々な知の活用の仕方や使用ということに力点を置き，それをリベラルアーツの基本に関わることであると考えます。一例として，リベラルアーツに関するある本の副題は“Thinking Critically, Creatively, and Ethically”となっていまして（Chaves 2014），ここではまず「考える Thinking」ということが，そして「考え方」として，「批判的」「創造的」「倫理的」にという三つのことが挙げられています。それぞれにコメントしておくと，「批判的」に考えることには，論理的思考や批判的思考が含まれ，後者は近年，「クリティカル・シンキング」とカタカナでも呼ばれます。この場合の「クリティカル（批判的）」は，ある主張内容を妄信することなく，最終的にそれを受け入れるのであれ拒否するのであれ，まず丹念に吟味を行うことを含意します。「創造的」に考えることは，アートないしアーツ（芸術，技術）には欠かせません。さらに，「倫理」は，昔の大学の教養課程では「倫理学概論」という科目があって，古代から現代に至る主要な倫理学説を学生は学んだのですが，今日の「倫理的」に考えることには，生命倫理や情報倫理や工学倫理などにみられるように，具体的な実践の場面で考えることが強く求められています。こうして，リベラルアーツの特徴は様々な観点からものごとをみていく「考え方」にあります。

2　今日のリベラルアーツ

エコーチェンバー現象　　多様な知を活用するということは，多様な視点をもつことでもあるわけですが，その正反対は，一つの視点しかもたないことや，一つの考え方に閉じこもることでしょう。「エコーチェンバー」と呼ばれる現象がそうです。SNS 上で，自分と同じ意見をもつ人とだけと交流し，自分のお気に入りの情報だけに繰り返し接すると，類似の情報にだけ接する可能性が高くなります。自分と似た考えをもつ人とのみコミュニケーションをとっていると，特定の，そして時として偏った信念や意見が増幅され，強化される可能性があります。エコーチェンバー（Echo Chamber）のもとの意味は「反響室」のことで，閉じられた部屋の中で同じ音が何度も繰り返されることですが，これとの類比から，偏った信念や意見の形成との関わりでもこの言葉が用いられるようになっています（総務省の『情報通信白書』では令和元年〔2019〕頃から「エコーチェンバー」が取り上げられています）。エコーチェンバーは極端な例ですが，私たちは皆，多かれ少なかれ，自分の考え方に執着しがちで，他の観点から，あるいはあるがままに事柄を見ていないことも現実には多いのではないでしょうか。そこではやはり視点の転換が必要になります。

視点の転換　日本には「バリア（障害）」を「バリュー（価値）」に変えるという仕方での視点の転換に関する議論があります（垣内 2016）。「バリア」を「バリュー」に変えるとは，バリアがあることによって伸ばしてきた能力や洞察力を生かしていくというポジティブな発想のことで，たとえば，車椅子で生活されている方は，低い位置からの視線で世界の動向を日々見ています。そうした経験から，ユニバーサル・デザインについて何か建設的な提言や提案が出て来るということはありうるでしょう。この議論で思い出すのは，目の見えない人は「自分の立ち位置にとらわれない，俯瞰的な抽象的なとらえ方」（伊藤 2015：74）ができるとされていることです。そこからは，「わたし」の見え方に基づく思考法がすべてではないことを，そして思考の世界がいかに広いのかを教えられます。

今日では障害に関連するリベラルアーツということも探求されるようになっており，そこではリベラルアーツは，自分の思い込みで周囲の事柄を価値づけることの問題性を根本的に問うものとなっています（嶺重 2019）。リベラルアーツの原点を，「社会の規制や周囲の人々の思惑，自分自身の先入観などにとらわれず，自由にものを考える」ことに置いた上で，「多様な学問体系を，つながりをもって分野横断的に捉える」ための「媒介」を果たすものとして障害が探求の対象となっているわけです（嶺重 2019：iv）。

後期教養教育　他にも，リベラルアーツの近年の動向として，「後期教養教育」ということも提唱されています。それは「専門教育を受けた後でこそ意味をもつ教養教育もあるはず」（藤垣 2020：57）であるということで，リベラルアーツの学びは学部の 1，2 年次で終わるのではなく，3，4 年次でも，さらには大学院においても重要であるという考え方です。後期教養教育では，自分の専門分野とは異なる分野や他者に関心をもち，コミュニティの異なる者同士のコミュニケーションの重要性が説かれます。こうした教養の必要性は，2011 年の東日本大震災が発生する前に，津波の専門家と地震の専門家の最新の知見が原子力の専門家に伝わっていなかった，あるいは，それらの間でのコミュニケーションの不全があったのでないかという反省に基づいています（藤垣

2020：57)。分野の異なる専門家同士が協力し対話を通して様々な問題に対処するという，高度なことがリベラルアーツや教養に求められていると感じる人もあるでしょう。実際，これは「専門家のためのリベラルアーツ」とも呼ばれています。

STEM / STEAM　さらに，もう一つの大きな動向として忘れてはならないこととして，「STEM 教育」という 21 世紀型の教育について聞かれたことがあるでしょうか。これは科学（science），技術（technology），工学（engineering），数学（mathematics）の英語の頭文字をとったもので，IT 技術を初めとする科学技術分野の人材を育成するという目的で推進されてきた教育のことです。その後，「STEM」に「A」を加えて，「STEAM 教育」ということも提唱され始めて，現在はこちらをよく聞くようになっています。この「A」はリベラルアーツの「アーツ（arts）」のことだと考えてよいでしょう。文部科学省（https://www.mext.go.jp/a_menu/shotou/new-cs/mext_01592.html）は，この「A」について，「芸術，文化，生活，経済，法律，政治，倫理などを含めた広い範囲」に及ぶものであるという理解を提示しており，ここでもただ「一つ」ではなく，「多く」の視点が「A」のうちに含まれていることがわかります。

近年のリベラルアーツの動向をいくつかご紹介しましたが，災害時に，あるいは災害が発生する前に専門家同士に必要とされるようなコミュニケーション能力から，日々の生活の中でふつうに必要となる発想や視点の転換，そして自身の思い込みの問題に至るまで，多くのことがリベラルアーツの名のもとで一括されていて，「何でもリベラルアーツ」なのかと感じられたかもしれません。しかし，リベラルアーツに対する今日の諸々の期待は，「何でもリベラルアーツ」と言って済ませられるほどに単純なことではなく，漠然と「リベラルアーツ」という歴史のある語が繰り返されているというよりは，むしろそれの「見直し」「とらえ直し」「再定義」が行われ，また試みられているとみることができると思います。とくに，リベラルアーツを「学ぶ」という場面では，やはりどこかに焦点や軸となるものを定めることが必要でしょう。では，本書が目指すリベラルアーツとはどのようなものなのでしょうか。

3　工科系学生のためのリベラルアーツ

本書『工科系学生のための〈リベラルアーツ〉』が意図することは，一言で言えば，工学や技術という営みを「客観視する視点」を提供するということにあります。これは，工学や技術について何か一つの定まった見方を提示するという意味での「客観視」ではなく，むしろ反対で，技術に対する様々な見方を，工学や技術から少し距離をおいてみていく視点を提供することにあります。工学や技術の営みを，哲学，倫理学，歴史学，教育学，人類学，心理学，科学史，経済学などの複数の学問分野からみていくということになります。先にも示唆したように，リベラルアーツや教養の役割の一つは，そうした視点を提供していくことにあります。

このように言うとそれは第三者的に工学を見ることなのか，要するに，「人ごと」なのかと思われるかもしれませんが，そうではありません。技術や工学に対して主体的に取り組むこと，つまり自分の問題としてとらえるということと，工学や技術をそれ以外の様々な視点でみるということの両方が必要であり，それらはセットとして考えるのがよいでしょう。

技術者の倫理　工学倫理とか技術者倫理という分野がありますが，そこでは技術者になる学生の皆さんが，工学や技術が関わる倫理問題に対して主体的に，また「自分の問題として」とらえることがしばしば求められます。これらを技術者の卵である皆さんが学ぶ意味は，工学が関わる倫理的諸問題を技術者の視点からみていく練習をすることだと言えるでしょう。

一方，工学を客観視するということは，技術者の視点や工学上の観点以外でも事態をとらえていくことになります。工学を学ぶ人にとってのリベラルアーツとは，技術者の視点でものごとを見るだけではなく，工学上の営みが他の分野からはどのように見えて，どのように評価され，何が求められ期待されているのかという視点をもつことを意味する，ということが本書の立場です。それは皆さんが将来，技術者としてのみならず，一市民として科学や技術や社会の問題を考える機会に出合ったときにも思い出していただきたいことです。こうしたことから，本書では，すべての章の最後の節において，工学や技術についての見方がそれぞれの分野の観点から提示されています。

本書の内容　本書の第Ⅰ部は，リベラルアーツの歴史編です。リベラルアーツの伝統は古代ギリシアで始まり，西洋中世・近世を経て，日本においては明治大正期に「教養」の名のもとで展開されます。リベラルアーツは昔から重要だと言われながら，その歴史をまとめて学ぶ機会は日本ではほとんどなかったはずです。第Ⅰ部では，「リベラルアーツ」や「教養」ということの歴史的な用法や内容を踏まえて，その展開の今日的意味を考えることが意図されています。

第Ⅱ部は，リベラルアーツの現代編です。リベラルアーツでは様々な視点でものを見ていくことが重要であるという本書の方針に従い，第Ⅱ部の各執筆者は心理学，歴史学，人類学，教育学，経済学というそれぞれの分野の知見に基づく視点や考え方や方法論を提示して，当該分野のリベラルアーツとしての意味，また工学や技術との対話や広がりについて紹介しています。

リベラルアーツの歴史を踏まえた上で，複数の学問分野の理論や方法論に基づいて，工学や技術を客観視する視点を考察するということを述べてきましたが，これは工学を学ぶ皆さんの人生全体という観点からリベラルアーツとの関わりを考えると，事柄の半分以下にすぎないと思います。では，残りの半分以上は何でしょうか。それは多様な視点をもつように「心がけること」，そしてそれを「継続する」ことでしょう。こうして本書では，「リベラルアーツないし教養とは，多様な知や視点を求めようとする永続的で持続的な意志である」と規定します。「永続的で持続的」ということで，生涯をかけて探求や学習を継続することを意味しています。どこかで聞いた言葉だと思われた方があればうれしいのですが，これは「正義とは各人に正しいことを配する永続的で持続的な意志である」という，『ローマ法大全』にあらわれる正義の定義（ウルピアヌスという3世紀の法学者による）を意識したもので，今日の医療倫理や生命倫理においても「正義原則」として取り入れられています。この正義の定義は，キケロという紀元前1–2世紀の政治家の『法律について』という書（第1巻）の中の「持続的で永続的な生活の原理」としての「徳」が意識されているという説もあります。本書は，これらの考え方の根本のところを受け継いで，多様な知と視点をもとうとする「意志」が皆さんの「生活の原理」となるための第一歩となることを目指しています。リベラルアーツの学びは，大学，大学院において終わるものではなく，生涯をかけて行うものだからです。

ですから，以上の意味での教養やリベラルアーツは，今までやってきたことを単に繰り返していれば済むような状態を目指しているのではありません。そうした状態には進歩や展開や成長ということがないでしょう。言い換えると，本書で提示される視点のどれか一つに自分を固定化することなく，状況に応じて，ときにそれを「受け入れ」，またときには他の視点から考えるということが重要だと思われることも出て来るはずです。本書で扱われている学問分野は，数え切れないほどある学知の全体からするとごく限られたものであるのは事実ですので，本書が，さらに広い学問分野や領域――そこには科学技術の専門知も含まれます――へ皆さんが踏み出していく推進力となるならば，たいへんうれしく思います。

参考文献

伊藤亜紗（2015）『目の見えない人は世界をどう見ているのか』光文社新書

垣内俊哉（2016）『バリアバリュー――障害を価値に変える』新潮社

キケロー（1999）岡道男訳『キケロー選集8　哲学I』岩波書店

藤垣裕子（2020）「専門家のためのリベラルアーツ――教育実践の現場から」石井洋二郎編『21世紀のリベラルアーツ』水声社，

57-95 頁
嶺重慎他編（2019）『知のスイッチ――「障害」からはじまるリベラルアーツ』岩波書店
Chaves, C.A.U (2014) *Liberal Arts and Science - Thinking Critically, Creatively, and Ethically*, Trafford

第I部

歴史のなかの〈リベラルアーツ〉

第 1 章
教養理念の原点を問う
——古代ギリシアのパイデイアは何を目指したのか？——

瀬口 昌久

1 教養が重んじられた古代ギリシア

「教養を欠くよりも乞食である方がましだ。後者に不足しているのは金だけだが，前者に欠けているのは人間性だから。」

これは古代ギリシアの哲学者アリスティッポスの言葉とされています（ディオゲネス・ラエルティオス『ギリシア哲学者列伝』第 2 巻 70）[1)]。違和感をもたれた方も多いでしょう。コンピューターもインターネットもなかった古代ギリシアの

1） 西洋古典からの引用箇所は，翻訳のページ番号ではなく，もとのギリシア語やラテン語のテクストの巻号，章，節の番号で標記します。後出のプラトンの引用箇所のアルファベットは，16 世紀に出版されたプラトン全集につけられたページ記号です。

教養なんぞ，自分とは関係がないと思われるかもしれません。

しかし，西洋古代の教養は，今日の高等教育と決して無関係ではありません。明治以降，日本が欧米型の近代化と工業化を目指したため，日本の高等教育は欧米の教育や教育制度に大きな影響を受けてきました。日本がモデルとした西洋の教育は，古代ギリシアの教養の理念にルーツをもち，14–16世紀に起きたルネサンスで知られる古代ギリシア・ローマの古典文化の復興と人間性を尊重する人文主義（ヒューマニズム）の遺産の上に築かれています。高等教育機関や学協会を指すアカデミーという言葉は，古代ギリシアの哲学者プラトン（Platōn, 前 427–前 347）が創設した学園アカデメイアの名に由来します。日本の高校にあたるフランスの後期中等教育機関のリセ（lycée）は 19 世紀初頭につくられましたが，哲学者アリストテレス（Aristotelēs, 前 384–前 322）が設立した学園リュケイオンの名にちなんでいます。近代西洋社会では，国民的教養理念の根幹にギリシア・ローマの古典を位置づける気運が高まったのです。21 世紀の日本の大学で学ぶ皆さんも，気づかないだけで，実は古代ギリシアの教養や教育の理念から影響を受けているのです。

パイデイア（paideiā）とは，ギリシア語で子どもたち（paides）の養育や教育を指し，教育の結果，身についた教養をも意味しています。教養教育の原点とも言える古代ギリシアのパイデイアとはいったい何であったのかを見てみましょう。

2　パイデイアが目指したアレテーとは？

ホメロスの登場　　紀元前8世紀半ば頃に，西洋の教養や教育，そして文化に，はかりしれない大きな影響を与えた詩人ホメロスが登場します。ホメロスは，トロイア戦争末期を舞台に，英雄アキレウスや勇士たちの騎士道的な戦いを描いた『イリアス』と，戦争終結後，英雄オデュッセウスが故国に帰還するまでの冒険を描いた『オデュッセイア』を書いたとされる伝説の詩人です。古代ギリシアの教育，その中心だった文学教育の基本的教科書は，一貫してホメロスの二つの叙事詩でした。人生の中で起こる様々な問題に対処するためには，ホメロスに学んで全生活をととのえて生きなければならないと考えられていました。私たちの想像を超えるほど，何世紀にもわたって，ホメロスは古代世界の人々の教育や生活に支配力をもったのです。かのアレクサンドロス大王が，戦場でも常にホメロスの書を枕元に置いていたという逸話もよく知られています。

ホメロスの作品がどうしてそれほどまで人々を深くとらえて，生きる規範とまでみなされたのでしょうか。それはホメロスが描いた騎士道的な道徳や倫理にありました。ホメロスに登場する勇士たちは，自分の命よりも大切なものがあり，それに身を捧げてもよいとする倫理観をもっていました。その理想的な価値を表す言葉がアレテーです（マルー 1985：19-23）。

アレテーとは　　アレテーは，日本語では「徳」と訳されることが多く，エライ高僧が修行を積んで身につけた宗教的な力や性格をイメージしてしまいます。しかし，ギリシア語のアレテーとは，善さ，卓越性，優秀性，完全性を意味する言葉です。ホメロスの勇士たちが求めたアレテーとは，互いに競い合う中で獲得される栄光，名誉によって示されるものであり，人々に認められることにありました。つまり，彼らにとってのアレテーとは，人を勇敢にして英雄にする力です。古代ギリシア人は，祖国に身を捧げる自己犠牲ではなく，競争や闘いで獲得される個人的な名声や不滅の栄誉を何より重んじたのです。

スポーツの精神　身近な例を挙げれば，優勝やメダルを争うスポーツ選手が，人生を賭けて全エネルギーを注いで精進し努力する目的であり，原動力だとイメージするとわかりやすいでしょう。ホメロスに描かれた英雄たちのアレテーは，スポーツ競技における勝者のそれとも重なり合います。ですから，古代ギリシアの教養教育ではホメロスによる倫理的な文学教育とともに，スポーツの訓練が重視され，体育の教科が最も高い地位を占めていました。運動や競技ができる数多くの体育場も造られました。体育によって身体を鍛え，スポーツのルールやフェア精神を学んで，運動競技の試合ができるようにしたのです。今日の大学のカリキュラムに体育実技の科目があるのも，古代ギリシアの遠い名残りとみなせるかもしれません。

3　ソフィストの弁論の教育とソクラテスの徳の教育

ポリスの民主制　前 5 世紀に大国ペルシアに勝利したギリシアの都市国家（ポリス）は支配地域を拡大し，自信にあふれ，黄金時代というべき古典期（前47–前338年頃）を迎えます。この時期に，アイスキュロス，ソポクレス，エウリピデスの三大悲劇詩人が登場するように文化の華が開き，科学の基礎が築かれ，ソクラテス，プラトン，アリストテレスに代表される哲学が広まり，多くのポリスではデーモス（区民）と呼ばれる市民が国の政治を決める民主制（デーモクラティアー）が確立されます。市民が選挙で為政者や将軍を選び，法律を定め，民会で自由に議論をたたかわせて投票による多数決で政治を決めていくようになり，今日の民主主義（デモクラシー）の原型が形成されました。地中海世界の軍事・政治・経済・文化の中心となったアテナイ（アテネ）の政治家ペリクレスは，自分たちの民主制を誇り，国民の誰でも能力さえあれば，家柄や階級や財産の有無にかかわらず，平等に権利が与えられ，自由に政治活動をして，名声を博するのに応じて公的栄誉と役職が与えられると演説しています（トゥーキュディデース『戦史』第2巻37）。

古典期の民主制の中で，アレテーについての考え方にも大きな変化が生まれます。人間の卓越性は，戦場における勇敢さや有能さではなく，人々を説得できる言論や弁論の力にあると考えられるようになりました。人々が優秀さを競う場が，戦場や競技場から民会の議場に移ったのです。アレテーが，人間の社会的能力である言論の力の卓越性にあるとみなす意識の変革が起こりました。

ソフィストの台頭　そのような変化の中で，言論の力を訓練する弁論術が考え出され，誰であれその技術を学んだ者を国家有数の人物にする教育ができると称して登場してきたのがソフィスト（知者）と呼ばれる人たちでした。彼らは地中海各地の都市を遍歴して，高額の報酬をとって，希望する若者たちに弁論の教育を教授する職業教師でした。相当な高額でも報酬を払う親たちがいたのです。なぜなら弁論術は，国家の指導者に必要な政治術でもあったからです。

ソフィストには特別な教説や教義はありません。彼らはどのような問題についても賛成と反対の相反する立場で主張ができ，人々を説得できる弁論の技術を教えることをうたい文句にして，裕福な家庭の生徒を集めました。ディベートの実践的な必勝法を若者に教えたのです。人間の卓越性を弁論の能力におく考え方は，ソフィストのゴルギアスの弟子であったイソクラテスに引き継がれ，第5節で述べるように弁論の技術が古典期からヘレニズム時代を通して，教養教育の理念の中核を形成するようになります。

ソクラテスの登場　　しかし，ソフィストの弁論の技術は，あらゆるテーマについて相反する立場で弁護できると宣伝されたように，絶対的な不動の真理を教え説くものではありません。むしろ，すべての正否や真偽は相対的であり，大衆や民会に集った市民に，どんなテーマであれ，もっともらしく真実らしいと思われる演説ができることが鍵になります。ソフィストがもたらしたそのような風潮に対して，異議を申し立てたのがソクラテス（Sōcratēs, 前469–前399）でした。

ソクラテスは，ソフィストの議論が，たとえ彼らの博識に支えられていたとしても，真実に依拠するものではないことを，対話を通じて明らかにしようとしました。ソフィストのように長い演説をして，大衆に真実らしいことを思いこませる手法ではなく，短い一問一答の形式で，相手の主張を吟味し，相手の同意を確認しながら，その主張内容が矛盾する結果に陥り，根拠のないものであることを示したのです。

ソクラテスは，単に相手をやりこめてその主張を否定するだけではなく，ほんとうらしく思われることではなく，ほんとうに真であること，真理を要求しました。そのため，知っていると思いこんでいるだけの状態と，真に知っていることを，道理に従って徹底して厳しく区別しようとしたのです。ソクラテスは様々な「知者」とされる人たちと問答することで，彼らが知っていると思いこんでいた問題に関してほんとうは知識を欠いていること，最も大切な価値，人間の行動や判断の根拠となる「よいこと（善）」についての知識をもちあわせていないのを暴き出す結果になりました。

無知の知　　ソクラテス自身もその知識をもっていないけれど，彼らとは違って，自分は知らないことを知っているとしたのが，あの「無知の知」です。ソクラテスは，不変で恒常的な真理や知識などはないとニヒリズムになるのでも，真理は知りえないとあきらめる不可知論に陥るのでもなく，自分が最も大切なことを知らないと知っているがゆえに，その知を追い求めます。

人々がよいものとして求める金銭や健康や政治的権力も，実はそれ自体ではよいものでも悪いものでもなく，それらを正しく用いることができる知がそなわらなければ，よいものとはなりません。そのような知は，魂とか精神と呼ばれるものの卓越性に他ならないとソクラテスは考えました。ですから，人は何をおいても魂をできる限り優れたものにするようにしなければなりません。魂の卓越性こそが人が求めるべきアレテーであり，金銭や権力ではなく，何よりもまず魂の卓越性を求めるよう，市民や将来ある若者たちに対話を通して勧めたのです。冒頭で紹介したアリスティッポスもソクラテスの弟子の一人でした。

ソクラテスは，人間を真に優れたものにするのは何かを問題にし，人々を説得する言論の力ではなく，言論を真実なものにする知を求めたのです。しかし，ソクラテスの問答法による活動は，人々が疑うことなく抱いていた常識や権威の根拠を突き崩す結果になり，弱論を強弁する詭弁（きべん）として反感を買うことにもなりました。ソクラテスは，国家が認める神々を認めず，若者に有害な影響を与え堕落させているという罪名で告発され，裁判で有罪の判決を受け，前 399 年に死刑になりました（プラトン『ソクラテスの弁明』）。

知を求めて自分と他人を厳しく吟味（ぎんみ）するソクラテスの言動に深く魅了され，彼の死刑に強い衝撃を受けたのが，まだ青年だったプラトンです。プラトンは，真実の知を求め続けたソクラテスの活動を，社会の中に哲学として確立しようとしました。プラトンの哲学思想から，弁論術とは異なる新たな潮流が教養教育に生まれてきます。哲学は次節に述べるように教養の二つの伝統の一翼として，西洋文化の基礎をなしています。

4　プラトンの学園アカデメイア

国家論　誰よりも正しい人と信じていたソクラテスの刑死を受けて，プラトンは個人がよき生や幸福をまっとうすることは，その個人が生きる国家全体のよいあり方の確立によって初めて可能になると考え，国家のよいあり方と統治について考察するようになります。その考察はやがて，哲学者が王となって統治するか，権力者が哲学するのでない限り，つまり，政治的権力と哲学的精神とが一体化されるのでない限り，国々にとっても人類にとっても不幸がやまないとする有名な「哲人統治」の思想として実を結びます（内山 2014：191-209）。プラトンは，理想国家の統治者の資格をそなえた人間を養成するために，前 387 年に哲学を教えるアカデメイアという学園を創立します。古代ギリシア世界には多くの奴隷が存在し，男性優位の社会であり，一般に教育や教養の理念も自由市民の男性に向けられたものでしたが，プラントはそのような時代でも，男女平等の教育と職制を明確に主張しています。学園アカデメイアには外国人も女性も入ることができ，女性の学生の名前も残されています（ディオゲネス・ラエルティオス『ギリシア哲学者列伝』第 3 巻 46）。

イデア論　　プラトンは，ソクラテスの言動が示していた知の条件を発展させ，後に「イデア論」と呼ばれる思想にまとめあげ，その思想に基づいて，アカデメイアで実践する組織的な教育課程を考えました。イデア論とは，ソクラテスが求めた厳格な知の条件に合致するものとして考えられた知の理論です。イデアは，ギリシア語のごく普通の日常用語で，「姿」「形」を意味します。私たちは日常の経験として，はっとするような美しい物や人間に出会うことがあります。しかし，そのときはどのように完璧に美しく見えたとしても，後の経験で出合った，それ以上に美しいものと比べれば，美しくないという否定的な側面をもつでしょう。それと同じように，感覚される美しいものはすべて，「まさに美である」と知性でとらえられたものと比べると，限界や不足があり，たえず変化し，やがては滅びてしまいます。感覚でとらえられるすべての美しいものは，「まさに美である」ところの美のイデアを模範とするのであり，それ自体は感覚でとらえられない美のイデアを範型とする写しであるとプラトンは考えたのです。

数学の例　　イデアと感覚される事物との関係をもっとわかりやすく説明するのが，数学の例です。三角形や四角形を紙に書くことができますが，数学で厳密に定義された通りの完全無欠の三角形を目で見ることはできません。三角形を構成する線分は，定義上は「幅のない長さ」ですから，数学で定義される本来の図形は，目に見えるように書かれた幅のある辺や線をもちません。でも，紙に記された図形は，定義通りの三角形や四角形の性格を分けもっていて，それらの図形の幾何学的性質を取り扱うことができます。目に感覚される図形を用いて，目には見えない図形を私たちの知性は対象としているのです。

数学がもつこのような特性から，プラトンはアカデメイアの教育プログラムに，最も重要な善のイデアを学ぶ哲学的問答法に至るまでの予備的で準備的学問として，数学的諸学科を導入します（プラトン『国家』521C-531C)。感覚されるものから，思惟でとらえられる真実の存在へ，いわば魂（精神）が向いている方向を変えるために，知性の活動を呼び起こす学科として数学的諸学科をカリキュラムの最初においたのです。

洞窟の比喩　　プラトンは，教育がもたらす「魂の向け変え」について，「洞窟の比喩」というたとえで説明します（プラトン『国家』514A-521B)。地下の洞窟の住まいに住む人間がいて，子どものときから囚人のように手足も頭も縛られていて，前方の壁ばかりしか見ることができないでいる世界を想像してみてください。彼らの背後の上方には火が燃え，その灯りを使って人形遣いが，ついたての上で人間や動物などの人形を操り，声も出しながら，洞窟の前方の壁に影絵の芝居を見せています。囚人たちは，生まれたときから映し出された影絵しか見たことがないので，それらの動く影絵こそが実物だと思いこんでいます。無教育な状態の人間とは，そのような奇妙な囚人たちと何ら変わらないのです。教育によって，体を縛っている縛めから解かれて，後ろを振り返り，影絵芝居の仕組みの正体に気づき，洞窟の外に広がる真実の世界に目覚めることこそが魂の向け変えだとプラトンは語っています。大学の教養教育が目指す目的の一つは，皆さんがこれまで当たり前だと思ってきたことを，根本的に批判的に問い直し，より広い知の世界に目を向けることができるようにする，精神の向け変えだとも言えるでしょう。

数学的予備教育とは，そのような魂の向けかえに役立つものとして導入されます。その科目は，数と計算（算数），幾何学，立体幾何学，天文学，音楽理論（音階学）です。これらは中世の「自由七科」の四科（クアドリウィウム）の「算術・幾何学・天文学・音楽」として位置づけられることになります。

哲学的問答法を学ぶ前段階として，数学的予備学の学習は少年時代から始まり，数学的諸学の相互の内的結びつきを総合的に把握する訓練が30歳まで続きます。アカデメイアで本格的な哲学教育が始まるまでに，合理的に厳密に考え，総合的にとらえる思考力を養うために，数学的諸学科を基礎にした教養教育が長く課せられるのです。そのカリキュラムをみれば，アカデメイアに入学するにはよほどの覚悟が必要だったでしょう。当時，それより人気があったのは，次節で述べるイソクラテスがアテナイに少し前から開校していた修辞学校でした。

5　イソクラテスの修辞学校

イソクラテス（Isocrates, 前 436–前 338）は，ソフィストのゴルギアスらに学び，法廷での弁論代作者をした後に，前 390 年頃にアテナイに修辞学校を設立しました。授業料さえ払えば誰にでも門戸を開いて，100 人を超える門弟をもつようになり，大きな富と名声を得ました。

イソクラテスの修辞学校では，弁論の構成や表現に関する一般的な原理の組織的説明が行われましたが，細かなことはできるだけ省いて教えられ，弟子たちは早くから応用練習による実地の弁論の訓練を行ったと言われています（マルー 1985：105-106）。教科書となったのは，イソクラテスの弁論作品でした。長く弁論の手本とされたため，彼の弁論作品の多くが現存していて，日本語訳でも読むことができます。

イソクラテスは，言論こそが人間の本性をなすものであり，動物と人間を分かち，最も多くの善をもたらすものであると主張しました。人間は言論によって互いに意思疎通できるようになったおかげで，都市などの共同体を建設し，正邪美醜について法律を制定して共同生活を可能にし，技術の発明やあらゆる創意工夫ができるようになったからです（イソクラテス『アンティドシス』253-257）。人間を人間たらしめるのは言論であり，それによってギリシア人は文明の民となったのです。さらに，イソクラテスは，「ギリシア人と呼ばれるのは同じ血統に連なる人々よりも，むしろわれらの学問的教養を分かちもつ人のこと」であるとも述べています（イソクラテス『民族祭典演説』50）。

弁論術と道徳　　イソクラテスは，ソクラテスの直弟子ではありませんでしたが，彼もソクラテスから影響を受けていました。プラトンは，ソクラテスが若きイソクラテスの素質と弁論の能力の高さを見抜いて，彼の精神には一種の哲学が宿っていると述べたという逸話を書き残しています（プラトン『パイドロス』279A）。イソクラテスは，「よく（うまく）語ること」だけを目指したソフィストとは違って，「よく語ること」が「よく思慮すること」と結びついていなければならないと考えていました。言論における思慮の重視は，ソクラテスにつながるものです（廣川 2005：30）。イソクラテスは，適切に語られた言葉を優れた思考の最大の証拠とみなし，よい言論は，よい魂（精神）をうつす似像であると主張したのです。

そして，ソフィストが，あらゆる目的に適用できる形式的な弁論術を教えたのに対して，イソクラテスは，弁論の題材の選択にあたって，賞賛と栄誉に値する弁論を語るには，不正な，あるいは矮小なものではなく，「美しく，また，人間愛に富み，国家公共に関わる課題をとりあげる」べきだと主張しています（イソクラテス『アンティドシス』276）。ソフィストが，どのような目的のためにも弁護したことが無道徳主義と批判されたのに対して，イソクラテスは弁論術を道徳と結びつけることによって，弁論術が狭い政治や法廷にとどまらず，文学や教育を通して社会に広く受け入れられるようにしました。弁論や修辞の技術が，弁護士や政治家のものだけではなく，人間が教養人となるために必要とされる道を開いたのです。

多様性と教養　アレクサンドロス大王がギリシア，メソポタミア，エジプト，ペルシアにまたがる領域を結びつけた後のヘレニズム時代（前323–前30年頃）には，教養は新たな意味をもつようになります。ヘレニズム期には，ギリシア語が共通言語として採用されましたが，ギリシア文化とイランやエジプトを含むオリエント文化や多様な文化が融合する世界になり，様々な人種や民族を含む帝国を統一していく力は，血や血縁に頼ることができなくなっていきます。人々を結び合わせるためには，人間の究極の目的とそれに対する手段についての考えを共有すること，つまり文明を共有し，その基礎となる教養を共有することが必要でした。そのためギリシア人が定住したところには，教育の施設である初等学校と体育場が次々と設立されるようになりました。教育こそが最も重要だったのです（マルー 1985：121）。現代の日本でも社会のダイバーシティ（多様性）の重要性が強調されますが，民族や文化や宗教や性の多様性の中で人々の結びつきを生み出す基盤は，多様性や違いをユニバーサルに受容できる，人間理解に根ざした教養の共有にあるのではないでしょうか。

ヘレニズム時代には公的な学校教育が行われるようになり，教育組織，教育内容，教育方法が整えられます。それらはいったん確立されると大きく変更されることなく，数世紀にわたって同じような方法と組織で行われ，ローマや後の時代に引き継がれることになりました。常にその中心にあったのは，弁論術・修辞学を基礎にした文学的伝統でした。

人間を人間たらしめるのは言論の力であり，言論の訓練によって人間がより人間らしくなるというイソクラテスの考え方は，前1世紀のローマの政治家で哲学者であったキケロ（またはキケロー Marcus Tullius Cicero, 前106–前43）に引き継がれて，その後のローマ世界に広まります。キケロは，私たちはみな人間と呼ばれているが，「われわれのうちほんとうに人間であるのは，人間性にふさわしい学問（humanitas）によって磨かれた人々だけが人間なのである」（キケロ『国家について』第1巻28）と述べています。「人間性にふさわしい学問（フーマーニタース）」とは，教養のことであり，文学や修辞学を中心とした学問のことを指しています。言論の能力をみがくという教養の理念が，人間を人間的な（humanus）状態からより人間的な状態に高めることを目指す，ヒューマニズムの形成につながっていくのです。中世の「自由七科」の三学（トリウィウム）の文法学・修辞学・弁証論も，イソクラテスの弁論術と修辞学校の伝統の流れをくんでいます。

6　技術と教養

古代ギリシア人たちは，パイデイアに二つの理念を求めていました。すなわち，プラトンの数学的・哲学的教養の理念とイソクラテスの修辞学的・弁論術的理念とは，二つの異なる伝統として今も西洋の教養教育の底流にあります。人間がそなえるべき教養として，一方は合理的に厳密に考え，総合的にとらえる思考力を訓練すること，他方は人間を人間たらしめる言論の能力を訓練することを目指しています。

パイデイアの二つの理念　　これら二つの理念は，17世紀の哲学者パスカルが，『パンセ』の冒頭で述べた，原理から出発して厳密な演繹的推論を行う理性的な「幾何学の精神」と，日常生活の多様で複雑な事象を推論によらずに一挙に感得する感性的な「繊細の精神」の区別にもつながるでしょう。そして，それら二つの伝統は，20 世紀に物理学者で著述家のスノーが，「自然科学者の文化」と「文学的知識人の文化」という理系と文系の「二つの文化」が分裂して，超えがたい敵意と嫌悪の溝が生まれていると警告した（スノー 1967）ように，互いに反発し，相互不信を生むこともしばしばあります。

しかし，両者は対立関係にあっただけではなく，もともと相互に相手を認め合う関係でもあったことを忘れてはなりません。プラトンは先に述べたようにイソクラテスの弁論術を評価する言葉をソクラテスに語らせていますし，プラトンが書いた哲学著作はすべて対話形式の文学作品です。他方のイソクラテスは，一定期間なら若者が数学や天文学などの厳密な数学的研究に没頭することや哲学的問答法を学ぶことを推奨しています（イソクラテス『アンティドシス』268，『パンアテナイア祭演説』26-27）。二つの伝統は，互いに排除するものではなく，補完関係になったり，実り豊かな相乗効果を生んだりすることもあるのです。

技術者にとっての教養　最後に，このことにも関連して，古代世界の技術と教養教育の関係について述べておきましょう。

中世に誕生したヨーロッパの大学に工学部ができたのは近代の 19 世紀末ですから，古代ギリシア・ローマ世界には，技術を専門的に教える学校はなく，中世の徒弟制度のように，親方から弟子に技術を伝授するのがふつうでした。古代世界で技術の学校と呼べるものがあったのは，医学の分野だけです。ルネサンスまで 1500 年以上にわたりヨーロッパの医学に支配的な影響力をもった 2 世紀の医師ガレノスは，医学教育の中でも哲学を重要視したことが知られています。

では，古代の工学分野の技術者にとって，教養教育は無視され，全く顧みられないものだったのでしょうか。しかし，古代の技術者や工学者の中にも教養教育を重要視した人たちがいます。その代表的人物が，前 1 世紀のローマの建築家ウィトルウィウス（またはウィトルーウィウス Marcus Vitruvius Pollio, 前 1 世紀後半に活躍）です。

建築家にとっての哲学　ウィトルウィウスは，現存する世界最古の建築書である『建築書』を書きました。『建築書』は最古であるだけではなく，この書に匹敵するほど大きな影響を世界に与えた建築書は他にありません。『建築書』の内容は，建築の一般的原理にとどまらず，土木・機械・軍事技術をカバーし，材料工学，構造学，建築様式，建築史から，ポンプや水車や水道などの給水システムや神殿や劇場などの公共施設を含む大規模な都市計画にも及びます。『建築書』は，水時計，水力オルガン，走行距離計，揚水機といった都市開発や生活の機器から，弩砲（どほう），錐揉（きりも）み器や破城槌（はじょうつい）のような攻城兵器といった軍事技術までも扱った古代の技術大全です。

ウィトルウィウスの『建築書』の大きな特色の一つは，このような様々な工学技術を含む広い意味での建築が，技術の実践や経験だけではなく，多くの学問と幅広い教養を必要とすると考えた点にあります。学問なき才能も，才能なき学問も完全な技術者をつくることはできないとして，建築家に文学，絵画，幾何学，歴史，哲学，音楽，医学，法律，天文学の知識と教養を身につけることを求めました（『建築書』第1書1.3）。philosopia（哲学）やphilosophus（哲学者）という言葉も，『建築書』で15回も使われています。その中でもウィトルウィウスの哲学についての考え方がよくわかるのが，建築家にとって哲学が何かを論じた次の記述です。

> 実に哲学は，建築家に偉大な魂をもたらし，傲慢にならず，むしろ，親切であり，公正であり，貪欲にではなく誠実にする。これが最も重要なことである。なぜなら，誠実さと高潔さがなければ，いかなる仕事もよく成しとげることはできないからである。建築家は強欲にならずに，報酬を受け取ることに心を奪われずに，矜持(きょうじ)をもち，高い評価を得ることによって，みずからの地位を保たねばならない。哲学はこれらのことを教示するのである。（ウィトルウィウス『建築書』第1書1.7）

技術者の倫理　哲学から学んで「偉大な魂」，「高潔さ」，「貪欲からの自由」を得るという表現は，市民の義務について述べたキケロの『義務について』の表現に類似すると指摘されています（Rowland & Howe 1999: 136）。『義務について』は，『建築書』の10年前に書かれているので，ウィトルウィウスは読んでいた可能性が高いでしょう。この他の箇所でも，『建築書』には，建築家の仕事に関わる仕方で倫理が明確に述べられ，倫理観を身につけることが求められています。今日でいう「技術者倫理」や「工学倫理」のさきがけのような考え方が，『建築書』には記されています。

リベラルアーツとしての建築が，ウィトルウィウス的建築の理想であるとも言われます（Rowland & Howe 1999: 13）。『建築書』は，いわば自然科学と人文科学の集大成を目指しており，それゆえルネサンス期の人文主義者たちを大いに刺激し，歓迎されることになりました。イタリアの建築家レオン・バッティスタ・アルベルティやアンドレア・パッラーディオたちの受容を通して，世界にその影響が広まり，アメリカのホワイトハウスの建築にまでその影響は見られるほどです（瀬口 2021：3-7）。

ウィトルウィウスの『建築書』における教養の重視は，工学技術がひろく社会に受け入れられ，人々に喜ばれるためには，技術者にとって何が必要なのかをあらためて考えさせてくれます。技術者が，より人間的な技術者になるには，何が重要かを問いかけているのです。

参考文献

イェーガー，ヴェルナー（2018）曽田長人訳『パイデイア――ギリシアにおける人間形成』（上）知泉書館

イソクラテス（1998）小池澄夫訳『民族祭典演説』，『弁論集1』所収，京都大学学術出版会

――――（2002）小池澄夫訳『アンティドシス』『パンアテナイア祭演説』，『弁論集2』所収，京都大学学術出版会

ウィトルーウィウス（1979）森田慶一訳『建築書』東海大学出版会

内山勝利編著（2014）『プラトンを学ぶ人のために』世界思想社

キケロ（1999）岡道男訳『国家について』，『キケロー選集8』所収，岩波書店

――――（1999）高橋宏幸訳『義務について』，『キケロー選集9』所収，岩波書店

スノー，チャールズ・パーシー（1967）松井巻之助訳『二つの文化

と科学革命』みすず書房
瀬口昌久（2021）「建築倫理とウィトルウィウスの3原則」『技術倫理研究』18号，1-25
ディオゲネス・ラエルティオス（1984）加来彰俊訳『ギリシア哲学者列伝』（上）岩波文庫
トゥーキュディデース（1966）久保正彰訳『戦史』（上）岩波文庫
パスカル，ブレーズ（2018）前田陽一／由木康訳『パンセ』中公文庫プレミアム
廣川洋一（2005）『イソクラテスの修辞学校』講談社学術文庫
プラトン（1967）藤沢令夫訳『パイドロス』岩波文庫
――――（1979）藤沢令夫訳『国家』（下）岩波文庫
プラトーン（1968）田中美知太郎／池田美恵訳『ソークラテースの弁明・クリトーン・パイドーン』新潮文庫
マルー，アンリ・イレネ（1985）横尾壮英／飯尾都人／岩村清太訳『古代教育文化史』岩波書店
Rowland, I. D. & T. N. Howe (1999), ed., *Vitruvius: Ten Books on Architecture*, Cambridge

第2章
西洋中世のリベラルアーツ
——自由学芸について——

藤本　温

1　西洋12，13世紀という時代とリベラルアーツ

西洋中世という時代　「大学」は西洋中世の12，13世紀において形成されました。リベラルアーツという考え方はそれ以前からありましたが，大学においてリベラルアーツが教授されるようになったのはこの時期からです。中世の大学のリベラルアーツは，神学部，法学部，医学部という専門学部へ進む前に基礎的な事柄を学ぶ学芸学部（哲学部）として位置づけられていました。

西洋中世というと，皆さんにはキリスト教の時代というイメージがあると思います。それは，もちろん間違いではないのですが，リベラルアーツは第1章で述べられた古代からの伝統を継承していますので，その学習の内容はキリスト教からは区別される世俗的な，つまり，宗教的な事柄からは

区別される学知のことでした。西洋中世については今日でも様々な誤解があり，典型的には「暗黒時代」という一面的な見方，ステレオタイプの理解を見聞きすることがあって，その修正のための努力も行われています（ブラック 2021）。この時期には「12 世紀ルネサンス」「13 世紀革命」「中世解釈者革命」など，それぞれ科学，哲学，法学の分野で注目すべき進展があり，それらの展開を基本のところで支えていたのがリベラルアーツでした。

ラテン語　　中世の大学では，リベラルアーツも神学も法学も医学もラテン語で教授されました。現代ですと，イタリアの大学ではイタリア語，フランスの大学ではフランス語，イギリスでは英語で講義が行われるのが通例ですが，中世では，ヨーロッパのどの大学へ行ってもラテン語が使用されており，このことは学生が他国の大学で学ぶことや，教師や学生が大学を移ることを容易にしました。

さて，「リベラルアーツ」の「アーツ」という英単語，単数形では「アート」には，「芸術」「技術」「わざ」「美術」等々の意味があります。「アート」のもとになる「アルス」というラテン語について，7 世紀のイシドールスという人の『語源論』では――ラテン語で書かれています――，その語源解釈として「厳格な（アルトゥス）規則や規準」によって成立するという説と，「徳」を意味する「アレテー」というギリシア語に由来するという説が紹介されています。そこには，アルスとは，何らかの「厳格な規則」に従って習得し，「徳」に従ってそれを使用するという見方があるのでしょう。今日においても，リベラルアーツ教育や教養教育において，「徳」や「規則」という語が使用されることはなくても，何か倫理的な事柄の学びや判断力が求められることは確かにあるようです（本書序章を参照）。

自由学芸　リベラルアーツはラテン語では「アルテス・リベラーレス」で，日本語では「自由学芸」と訳されます。ここで「学」という語が入っているのは，リベラルアーツは「アート（技芸）」であると同時に，「学知」（ラテン語で scientia，英語で science）でもあるからです。西洋中世ではリベラルアーツのこの二重の性格――「アート」と「学知」――の意味が問われることがあります（この点は第3節で扱います）。

自由学芸は「自由七科」とも呼ばれ，弁証論（論理学），修辞学，文法学の「三学」と，算術，天文学，幾何学，音楽の「四科」に分けられます。これらの科目の教育レベルは，中世初期においては非常に基礎的なものだったようです。その後 12–13 世紀には法学文書（ローマ法）の再発見やアリストテレスの書の翻訳，また後者に対するギリシアやイスラムの哲学者たちによる注解の紹介などを通して知の領域が拡大し，自由七科だけでは学知を適切に区分できなくなっていきます。知の領域が拡大することによって，「アルス（アート）」とは何か，「学知」とは何かが改めて問われるようになったわけです。

2　13 世紀までのリベラルアーツ

リベラルアーツの源は古代ギリシアにあります（第1章）。まず，その後の西洋中世 13 世紀までの展開を駆け足になりますがみておきましょう。

古代以後の変遷　古代ローマの教養人であったウァロ（前 116–前 127）は，「九つ」のリベラルアーツを主張して，そこには建築と医学が含まれていましたが，5 世紀のマルティアヌス・カペラは，『メルクリウスとフィロロギアの結婚』という書において建築と医学をリベラルアーツから排除します。9 世紀のエリウゲナという神学者は，リベラルアーツは「神」に由来するものとし，それに対して「メカニカルアーツ」に相当するラテン語を使用して，メカニカルアーツの特徴を「人間による創意工夫」ということに置きました。エリウゲナは，先にカペラによってリベラルアーツから排除されていた「建築」を，今度はメカニカルアーツの一つとみなします。この頃には「七つ」のリベラルアーツという見方は定着していますが，「七」という数字の背景には，ヘブライ，キリスト教世界では「知恵は自らの家を建て　七本の柱を刻んだ」（箴言 9:1，聖書協会共同訳）という聖書の言葉が大きな意味をもっていたということがあるでしょう。

12 世紀のフーゴー　12 世紀に注目すべき展開があります。サン・ヴィクトルのフーゴー（Hugo de Sancto Victore, 1096 頃–1141）は『ディダスカリコン』（学習論）という書の中で，「哲学」を「すべての人間的・神的事物の根拠を徹底的に探求する学問分野」（フーゴー 2020：278）と規定して，そこには「論理学」，「実践学（倫理学）」，「思弁学」，「メカニカルの学」の四部門があり，それぞれをこの順番で学ぶべきであると主張します。メカニカルの学――「機械学」――が哲学に含まれていることが注目されます。そしてリベラルアーツのうち三学は論理学に，四科は思弁学の中の数学に含まれることになります。先のエリウゲナはメカニカルアーツ

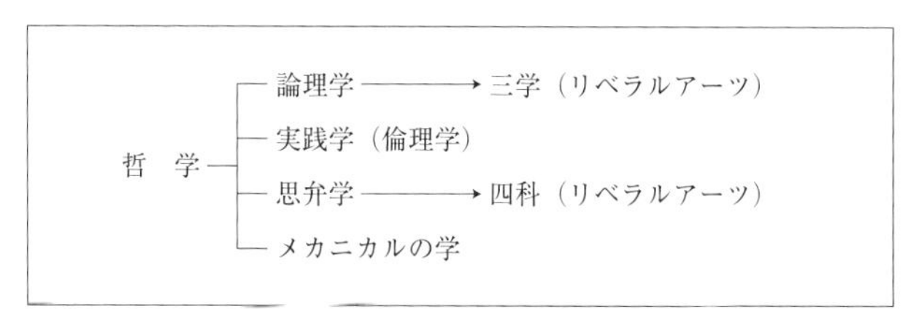

図2-1　フーゴーによる「哲学」の分類

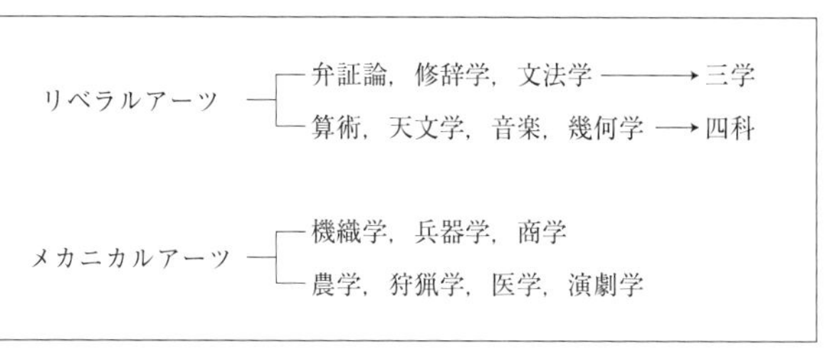

図2-2　フーゴーによる「アート」の分類

に言及したとき，建築以外のメカニカルアーツを指定しませんでしたが，フーゴーは，七つのリベラルアーツに対して，七つのメカニカルアーツとして，機織学，兵器学（武具製造），商学，農学，狩猟学，医学，演劇学を具体的に挙げており（フーゴーでは，建築は兵器学に含まれます），これも最初の三つと，後ろの四つを先の「三学」と「四科」のように別々のグループにまとめました（藤本2021）。

リベラルアーツの有用性　フーゴーは，リベラルアーツには「他のすべての学問に優る大きな有用性」（フーゴー2020：333）があるという古人の洞察を紹介しています。ここでいう「有用性」は，英語では“utility”です。或る学知に有用性があるということは，現代では，社会問題の解決に役立つ，治療に役立つ，生活が便利になる，就職に有利である，コストが低く抑えられる等々の様々な有用性が想定されるでしょう。しかし，フーゴーがここで言うリベラルアーツの「有用性」とはそういうことではありません。リベラルアーツをしっかりと学んだ人は，教師から話を聞くことがなくても，自らの探求と修練によって他の学問を修得できるという「大きな有用性」があるということです。リベラルアーツは「哲学的な真理の十全な学知に至る道が精神に用意される」（フーゴー 2020：333）もので，他のすべての学知に先立って学ばれるべきものです。リベラルアーツは哲学への「準備」として重要であるわけですが，フーゴーにとって，それは究極的には，聖書を正しく読むことの準備となるものでした。

フーゴーは「アルス」を「学知」と呼ぶこともあります。アルスや学知の学習や研究には，素質と修練と学修（ラテン語で disciplina，英語で discipline）の三つが必要で，このうちとくに「学修」とは，「称讃に値する仕方で生きながら，日々の行いを学知と結合すること」（フーゴー 2020：340）です。「恥知らずな生活が汚している学知は誉められたものではない」（フーゴー 2020：347）ゆえに，「学修」がおろそかにならないように「最大限の注意」が求められます。そしてフーゴーはそうした学びの姿勢・態度を「正義」というテーマに結びつけます（藤本 2021）。突然に「正義」の話が出てきたように思われるかもしれませんが，当時の人々は，ラテン語訳で部分的に知られていたプラトンの『ティマイオス』という書の影響から，「自然的正義」とか「実定的正義」について考察を行っていました。しかし，次の 13 世紀になると，アリストテレスによる学知や徳の分類が重視されるようになります。

3　13世紀のリベラルアーツ ―― トマス・アクィナス（1）

大学の形成　13世紀には知の領域が拡大し，大学の形成とともに教育の内容や方法が向上します。それまでは大聖堂や修道院に付随していた学校において教授されていたリベラルアーツは，13世紀の大学では，神学や法学，医学の学部に入るためには経由しなければならない学芸学部（哲学部）となります。そして学芸学部の長が大学全体の学長を務めました。

七つのリベラルアーツを世俗的な（＝キリスト教的ではない）学問の基本とみなしていた時代がありましたが，13世紀にアリストテレスによる学問区分が受け入れられる中で，リベラルアーツが世俗的な知識の適切な区分を提供しているかどうかが問われるようになります。そうした中，パリ大学で教授を務めたトマス・アクィナス（Thomas Aquinas, 1225頃–74）は，七つのリベラルアーツでは学知の十分な区別はできないとみなします。これはリベラルアーツを学ぶことを否定しているのではなく，トマスはフーゴーの『ディダスカリコン』に言及して，知恵への「道」としてのリベラルアーツの役割を認めています。

トマスのリベラルアーツ　とはいえ，トマスはフーゴーのようにリベラルアーツの重要性を高らかに強調することはしません。むしろ，「リベラル」ということを次のように淡々と分析していきます。リベラルアーツの「リベラル」

「自由」ということは，トマスの場合，魂と身体の対比から考えられており，魂ないし心の活動は自由であるけれど，身体の活動はそうではなく，身体に関わる活動であるほど自由度が減少していくとみなします。人間の為すことのうちで，物体的・身体的な制作や行為は「自由でない」部分に，すなわち身体の側に属することから「自由な」アーツとは言われず，そうした自由ではないアーツはメカニカルアーツの方に属します。すなわち，アーツには身体的・物体的なアーツと精神的なアーツという二通りがあり，前者は「手を使用する」メカニカルアーツ，後者がリベラルアーツです（『神学大全』第1–2部・第57問題・第3項・第3異論および第3異論解答）。

12世紀のフーゴーでは，リベラルアーツも，学知（スキエンティア）と呼ばれ，「アルス（アート）」と「スキエンティア」という語はゆるやかに互換的に使用されていました。トマスもどちらも用いますが，13世紀にはアリストテレスの「テクネー」（技術）や「エピステーメー」（知）の考え方に基づく学問区分が本格的に導入されたことで，トマスでは，より厳密な概念規定が行われるようになります。リベラルアーツは「学知」と呼ばれることもありますが，トマスはアリストテレス的な仕方で，「アート」は実践的知，「学知」は理論的（思弁的）知でリベラルなものという仕方で「区別」します。

技術とは　しかし，「リベラルアーツ」の，「リベラル」が思弁的・理論的な「学知」で，「アート」が実践的「技術」であるとすると，「リベラルアーツ」という言葉自体に矛盾があると感じられるでしょう。なぜなら，「リベラルアーツ」

という言葉は，理論的知（学知，リベラル）と実践的知（アート）の「区別」を台無しにしているように見えるからです。トマスは次のような仕方で，ある一つの「知」が「アート」でありかつ「学知」（リベラル）でもあることを認めます。

「アート」の基本は「技術」であり，技術はものを生み出すので，これにふさわしいのはメカニカルアーツです。それゆえ，ものを生み出すことのないリベラルアーツはアートとして扱われるとしても消極的な意味においてです。一方，「学知」としてみるならば，学知の基本は心において習得されるものなので，リベラルアーツは，メカニカルアーツよりも高次なものとされます。つまり，それはメカニカルアーツよりもはるかに「学知」の性格を有します。そうしたことから，「リベラルアーツがより高貴であるとしても，それらによりいっそう技術（アート）の本質が適合するというわけではない」と言われることになります（『神学大全』第1–2部・第57問題・第3項・第3異論解答）。

リベラルアーツが「学知」でありながら「アート（アルス，技術）」とも呼ばれるのは，それが単に何かを「認識」しているのみならず，理性によって直接に「仕事・業」を行うからです。「仕事・業」を行使するものはアートであるという考え方がそこにはあります。ではリベラルアーツはどのような仕事・業を行使するのでしょうか。具体的には，自由七科のうち論理学は推論の形成，文法学は構文や文章の構成，修辞学は演説の作成，算術は計算，幾何学は測定，音楽はメロディの形成，天文学は星々の軌道の計算といった仕事・業を行うことから，それらは「アート」であることの条件を満たしているとトマスは考えます。リベラルアーツではない「学知」，たとえば「形而上学」には仕事・業に相当するものはなく，すなわち，それらは何かをつくる理性を用いることはなくて，ただ「認識」だけが生じることから「アート」という名称はふさわしくないということになります（『ボエティウス三位一体論註解』第5問・第1項・第3異論解答，『神学大全』第1–2部・第57問題・第3項・第3異論解答）。

4　徳と技術――トマス・アクィナス (2)

このようにアートは，リベラルな（精神に関わる）領域とメカニカルな（手仕事に関わる）領域の両方に関わる広いカテゴリーです。ここでもう一つ重要なことは，アートはそのどちらの場合でも「徳」(virtue) として理解されているということです。「徳」と聞くと，正義や節制などの倫理的な徳が思い浮かぶかもしれませんが，ここでいう「徳」はもっと広い意味で，倫理以外のものをも含みます。トマスは徳を「よく行為することに方向づけられた習慣」と規定しており，この「よく」ということは，次に見るように倫理以外の事柄にも及ぶものであり，ある側面での「卓越性」を意味しています。

徳の分類　トマスはアリストテレスの『ニコマコス倫理学』第6巻に従って徳を二つに分類します。すなわち，(ｉ) 正義，勇気，節制，高邁，穏和などの倫理徳と，(ⅱ) 知恵，直知，学知，技術，思慮などの知性的徳です。「技術」と「学知」はどちらも知性的徳に分類されます（なお，トマスによる徳の分類には，(ⅲ) 信仰，希望，愛というキリスト教的な徳〔対神徳〕もありますが，ここでは扱いません）。

(ｉ) 倫理徳は，行為者の「意志」に直接に関わり，人間

表2-1　トマスによる徳の分類の概略

（i）倫理徳	正義，勇気，節制，高邁，穏和など
（ii）知性的徳	知恵，直知，学知，技術，思慮など
（iii）対神徳	信仰，希望，愛

をよき行為へと導くもので，たとえば正義という倫理徳を有する人は，正しく行為する徳が身についているよき人のことです。一方，（ii）知性的徳のうち「技術」のよさは，技術者の心の状態によってではなく，産物・作品のよさにおいて評価されます。技術者が賞賛されるのは「どのような意志で作品をつくるのかによるのではなく，つくられた作品がどのようなものであるかによる」（『神学大全』第1–2部・第57問題・第3項主文）のです。メカニカルアーツのよさは産物・作品の出来映えに依存します。

思慮と技術　知性的徳に分類されている「思慮」は倫理徳に直接かつ密接に関係します。「技術」の場合には，意に反して失敗する技術者よりも，わざとしくじってみせる技術者の方が「褒められる」ことがあることから，トマスは，技術は製作者の正しい欲求を，つまり倫理徳を前提とするものではないとみなします。しかし「思慮」にはそのようなことはなく，進んで悪しき行為を行う人は，意に反して悪しき行為を行う人よりも，はるかに思慮がありません。そこから「意志の正しさは思慮の本質に属しているが，技術の本質には属さない」（『神学大全』第1–2部・第57問題・第4項主文）と言われます。思慮は知性的徳ですが，それは直接に倫理徳に関わり，倫理徳は人をよい目的に方向づけるものです。

リベラルアーツの一つである文法学についても，同じようなことが今度は正義の徳に言及して確認されています。文法学の習慣に通じている人は正しく語る技能を身につけていますが，文法学は人間を（現実に）常に正しく語る者にするわけではありません。なぜなら，文法学者はわざと粗野な言葉づかいをすることや，故意に文法違反をすることができるからです。しかし，正義の徳は人間に正しいことをなそうとする迅速な意志を与えるだけでなく，現実に正しく行為させるものです（『神学大全』第1–2部・第56問題・第3項主文）。とすると，メカニカルアーツと同様，リベラルアーツにおいても，文法の知識のレベルは文法家の意志にではなく，また幾何学の証明の真理は幾何学者の意志にではなく，それぞれの活動や行為の結果に依存するということになりそうです。そうすると，正しい証明を行おうと意志しても証明できない人よりも，意図的に間違った，あるいは遠回りの証明を思いつく人の方が「アート」の習熟レベルは高いということになるのでしょうか。原理的にはそうなると思います。

このようにメカニカルアーツであれ，リベラルアーツであれ，アルスは徳であるとしても，行為者（制作者）の意志を含まないものとして，そのよさは「結果」の出来映えに依存するとトマスは理解しています。しかし，こうした技術（アート）理解には批判があるかもしれません。とくにメカニカルアーツの場合，意に反して失敗する人よりも，わざと失敗する技術者の方が「褒められる」という議論は，そういう場面はあるとしても，正しい欲求や倫理徳を前提しない技術の理論には，今日の工学倫理や技術者倫理の観点からはどこか不備があると感じられるということはありえます。

とはいえ，トマスの見解においては，作品や製品を生み出すことを目的として結果で評価がなされるようなアートはそもそも，活動それ自体を目的とするとされる思弁学や倫理学よりも低次のものであるとみなされており，現代の観点からこれを言い換えると，技術という活動は何か高次の学知を必要としていて，技術者には結果で評価される技術力（徳）だけではなく，その技術が人々に及ぼす影響が大きければ大きいほど思慮と倫理徳が求められるということになるでしょう。思慮や倫理徳は人を完成し，技術は作品（結果）を完成するものですが，現代の科学技術の社会的影響を目の前にして，一人の人間がその二つを同時に所有することをトマスが否定することはないと思います。

5　大学制度の中で

12–13世紀に大学が形成されて，神学部，法学部，医学部の専門教育が行われ始めると，学芸学部はリベラルアーツの実施本部のような位置づけになります。学芸学部の規模については，14世紀の資料になりますが，1362年のパリ大学の教師の人数は，神学が25人，医学が25人，教会法が11人に対して，学芸学部の教師は441人であり（ルーベンスタイン 2018：543），学芸学部がいかに大きかったのかがわかります。

アリストテレスの受容　12世紀以降，アリストテレスの著作がラテン語に新たに翻訳され，学芸学部の講義科目で扱われる書物はアリストテレスのものが多くなります。自由学芸の一つである論理学においても，「新論理学」としてアリストテレスの『分析論前書・後書』や『詭弁的論駁（ろんばく）』『トピカ』が取り上げられるようになり，また従来，自由七科には分類されていなかった倫理学や形而上学も学芸学部で扱われるようになります。学芸学部（アーツの学部）が哲学部と言われ，中世において「哲学者」（Philosophus）――P は大文字――といえば「アリストテレス」のことでしたので，学芸学部（哲学部）の科目は「哲学者」の哲学の多くを扱っていたことになるでしょう。アリストテレスの著作のうち『自然学』や『形而上学』は，キリスト教の教えに抵触する可能性があるとみなされてパリ大学ではしばしば講義をすることが禁じられる一方，これらの著作を学べることを売り物にする大学もありました。

医学と哲学　医学はもともと哲学やリベラルアーツとの結びつきが強く，7 世紀のイシドールスの『語源論』では，医師は自由七科のすべてを学ぶ必要があり，哲学が人間の魂を治療するのに対して，医学は人間の身体を治療することからそれを「第二の哲学」と位置づけていました。しかし大学が形成されて，とくにイタリアにおいては，14 世紀になると医学は「第一の哲学」となり，哲学は「第二の医学」に位置づけられて序列が逆転します（児玉 2007：256）。

法学の進展　法学においても重要な出来事がありました。時間が前後しますが 11 世紀末，ピサの図書館でユスティニアヌス法典（『ローマ法大全』）が発見されたことです。それまでの時代では法学はリベラルアーツの一つである修辞学の一部とみなされるという「憂き目にあって」いましたが（ハスキンズ 2017：197），12 世紀にイルネリウス――もとはボローニアのリベラルアーツの教師だったと言われています――は，ローマ法を修辞学から分離し，専門的研究として法学を確固たるものにしました。哲学者や神学者たちがアリストテレスの書を翻訳（ラテン語訳）を用いて学んだのとは異なり，法学者が『ローマ法大全』をラテン語で読むことができたのは幸運でした。パリでは，ローマ法が人気を獲得したことで神学が軽視されているという懸念から，1219年に教皇ホノリウス3世がパリでのローマ法教育を禁止したほどでした。またこの時代に『グラティアヌス教令集』が作成されたことで教会法・カノン法の研究も盛んになり，市民法（ローマ法）とカノン法の両方をおさめる「両法博士」も登場するようになります。

『ローマ法大全』の一つである『学説彙纂』には，「法学」を「学知」として，「法」を「アルス」として規定する法文があります。すなわち，「法学とは神的および人間的な事柄に関する知であり，正と不正とに関わる学知である」というウルピアヌス（3世紀）の言明，そして「法は善と衡平の技（アルス）である」というケルスス（2世紀）の言葉です。ケルスス自身がどのような意味で，「法」や「技」を，また「善」「衡平」という語を用いていたのかは判然としないのですが，古代ローマの法学者たちは，哲学者のように概念を明確に定義することよりも，法的な紛争解決といった特定の事例に関心があったようです。中世の法学においては，口頭での弁論という修辞学の側面は希薄になっていき，むしろ，ローマ法の註解を通して専門職化していきます。

この時代には，神学者と法学者，学芸学部に所属する者それぞれの間での緊張や対立も生じましたが，そのいくつかはアリストテレス解釈をめぐるものでした（ルーベンスタイン 2018）。その後，ルネサンスの時期になると，キケロ（前106–前43）的なアート概念が再評価されるようになります。キケロにとって「アルス（アート）」とは修辞学によるものであり，実践的知識を秩序ある仕方で体系的に提示するものでした。ルネサンス期の人文主義者たちは実践的なアートを重視し，テクニカルな語彙を用いる哲学的説明ではなく，公の生活において実践的，倫理的に活動することを目指します。13 世紀以降，中世の大学においてはアリストテレスの論理学が採用され，学知は論証を要するものであることが共通理解になっていましたが，ルネサンス期のペトラルカ（14 世紀）やヴァッラ（15 世紀）は，アリストテレスの哲学（学知）に対してキケロ的な「アルス」を優先して，リベラルアーツの三学の中で，論理学よりも修辞学を基本とした人文主義の哲学を探求することになります。

6　技術との関わりで

本章で言及した思想家たちには「アート」や「学知」についての各自の見方があり，それらは現代人が漠然ともっている「教養」という概念とは隔たりがありえます。つまり，フーゴーについてみたように，リベラルアーツが「役に立つ」ということの理解は，リベラルアーツに期待するものに関して隔たりがあるでしょう。しかし，何か目指すべき大切なものがあって，それに到達するための不可欠の学びという構造自体は，日本の大学制度において「専門」と，それに至る準備としての「教養」という仕方で利用されてきました。こうした教養と専門との関係は今日問われていると言えます。この点について，最後に「技術」との関わりで考えてみましょう。

第 3，4 節で述べたように，トマスはフーゴーにならって自由七科を哲学や知恵への道として位置づけるとき，技術を用いて何をつくったかという結果の評価と，哲学や徳の習得とを異なるものとして規定して，後者を前者よりも上位の活動に位置づけています。これは「教養が専門への準備なのではなくて，専門知識が教養のための準備なのである」（大森 1988：374）という現代の見方に通じる点があります。実際，この主張は西洋中世のレトリック（修辞学）に注目しながら述べられています（大森 1988：375）。この考え方によると，大学における工学的専門知識の習得においてリベラルアーツの学びは終わるわけではないことになります。むしろ始まりであるとさえ言えるでしょう。リベラルアーツとは，「多様な知や視点を求めようとする永続的で持続的な意志」であり，その学びは生涯をかけて続けていくものです（序章第3節参照）。

トマスは，技術のよさは結果の出来不出来に依存すると考えますが，悪い結果を生む技術——すぐに故障する，身体に有害である，コストがかかる，安全性が低い，環境問題が生じる等々——はもちろん，技術としては不完全なものですから，本当によい結果を生むような技術はそれ自体が何らかの仕方で倫理化・道徳化もなされていなければなりません。そうすると，技術と倫理の区別は学問（学知）の分類上のことであり，現実の世界ではそれらは相互浸透しているという見方もできます。倫理的な能力は，通常，「人間」に内在する能力であると考えられていますが，それは物体にも宿ることがあって，たとえば，自動車でシートベルトを締めていないときや速度超過をするときに警告音が鳴るのは，そうした装具には倫理的な見張り役が委託されており（フェルベーク 2015：24），それらの道具は倫理的な働きを実行していることになります。従来，人間自身が行ってきた活動のかなり多くことを機械やロボットに委託するようになっている現代では，こうした考え方も真剣に取り上げる必要があるでしょう。

西洋中世の技術力はもちろん，現在からみると未熟であったのは当然のことですが，技術が結果の出来映えによって評価されるという特徴は今でも変わっていません。変わったのはむしろ，人文系の学知も，技術や工学と同じ尺度で扱われる傾向が出てきていることです。それは「自由な」思索にとっては重荷となり，創造性を縮小させることにならないでしょうか。上記のように，技術と倫理は相互浸透するという面もあるのですが，技術とリベラルアーツの学知としての性格の違いも無視されてはなりません。西洋中世の時代から私たちが学ぶ点があるとすると，それは，有益性や結果の評価についての日常的理解の妥当性の範囲や，倫理的な考え方を過去の思想に照らして問い直すことによって，専門と教養の関係を再考することにあると言えるでしょう。

参考文献

アクィナス，トマス（1980）稲垣良典訳『神学大全　第11冊』創文社

―――（1996）長倉久子訳註『神秘と学知――ボエティウス「三位一体論」に寄せて　翻訳と研究』創文社

大森荘蔵（1988）「知識と意見」大森荘蔵編『(放送大学教材）科学と宗教』日本放送出版協会，373-376頁

キケロー（2005）大西英文訳『弁論家について　上』岩波文庫

児玉善仁（2007）『イタリアの中世大学――その成立と変容』名古屋大学出版会

ハスキンズ，チャールズ・H（2009）青木靖三／三浦常司訳『大学

の起源』八坂書房
――――（2017）別宮貞徳／朝倉文一訳『十二世紀のルネサンス――ヨーロッパの目覚め』講談社学術文庫
フェルベーク，ピーター＝ポール（2015）鈴木俊洋訳『技術の道徳化――事物の道徳性を理解し設計する』法政大学出版局
フーゴー，サン・ヴィクトル（2020）五百旗頭博治／荒井洋一訳「ディダスカリコン（学習論）――読解の研究について」上智大学中世思想研究所編訳・監修『中世思想原典集成精選4 ラテン中世の興隆2』平凡社ライブラリー，265-380頁
藤本温（2021）「リベラル・アーツとメカニカル・アーツ」『技術倫理研究』第18号，27-44頁
ブラック，ウィンストン（2021）大貫俊夫監修『中世ヨーロッパ――ファクトとフィクション』平凡社
ペトラルカ（2019）近藤恒一訳『無知について』岩波文庫
ルーベンスタイン，リチャード・E（2018）小沢千重子訳『中世の覚醒』ちくま学芸文庫
Schatzberg, E. (2018). *Technology: Critical History of a Concept*, University of Chicago Press

＊本章の訳文は，とくに本文中に指示のない場合は筆者（藤本）による訳です。

第3章
啓蒙時代の教養と科学・技術
——科学史の視点から——

川島 慶子

はじめに

「理系人材を増やそう！」これは日本だけでなく，多くの国の政府や産業界で掲げられている目標です。「科学技術立国」といった表現も類似の発想です。このような科学技術重視の考え方はどこから来たのでしょう。そもそも科学や技術，あるいはそれに携わる人たちは，長い歴史の中，社会でどういう地位にあったのでしょうか。ここでは，近代科学の基本理念を確立したヨーロッパの歴史を見てゆくことで，科学や技術の社会的価値がどのように変化したのか，またその中で「教養」の中身がどう変化したのかを見ていきましょう。

1　自由学芸の「自由」と技術

すでに第1章と第2章を読んだ人は，古代ギリシアと中世ヨーロッパの自由学芸について学んだことと思います。読んでいない人は，この章のあとでぜひ読んでみてください。現代とその頃とでは，学問のイメージがずいぶん違うことがわかるはずです。詳しくは第2章に譲りますが，中世の大学では，まず学生全員が七科目の自由学芸を学びました。専門に行くのはそのあとです。七科目とは，文法・修辞学（文章の書き方）・弁証法（弁論の仕方）から成る三学と，算術・幾何学・音楽・天文学の四科から構成されています。なぜこの七科目が「自由」学芸なのでしょうか。「自由」とはどういう自由なのでしょうか。少なくとも「それをするかどうかは私の自由だ」といった意味での「自由」でないことは確かです。

自由学芸の「自由」　実は自由学芸の「自由」は「肉体労働からの自由」という意味であり，これら七科目は知性だけの領分だという意味なのです。というのも，自由学芸概念の発祥地古代ギリシアの社会では「市民」，とくに「男の市民」は平等で高度に知的な生活をしていましたが，それは奴隷が肉体労働全般を担っていたからです。奴隷と自分たち市民を区別するものとしての「自由」，肉体労働に縛られなくて済む自分たちにふさわしい学問，という意味もあって自由学芸は学問の中でもとくに高尚なもので，専門性がない分よけいに自由な市民のもつべき教養ということになりました。このイメージが中世キリスト教世界にも引き継がれていきます。

古代ギリシア時代から中世にかけて，様々な学問分類の説が出るのですが，そのどれもが，今では技術と呼ばれる類のものを下位に置いていました。とくに中世にはキリスト教の影響で，学問の中の最上位は神学ということになります。ですから中世以降の学問分類図の中で，一番格の高い学問は神学です。しかもヨーロッパの大学の起源は，アリストテレス（Aristoteles, 前384–前322）の哲学，つまり古代ギリシア発の学問を学ぶ教師と学生の組合ですから，先に述べたギリシアの学問観に従っています。結果として，大学で手仕事が教えられることはありませんでした。これは「学問をする人」と「技術を身につける人」を明確に分離する制度です。

わかりやすいのは医学です。今では内科医希望者も外科医希望者も医学部で学びますが，中世では，学問の名に値するのは「血を見ない」内科だけでした。切ったり貼ったりする外科は床屋が兼ねる野蛮な「技術」として格下とみなされ，大学出の医者がなる職業ではなかったのです。解剖の授業も，実際にメスを握るのは教授になれない手伝い的「助手」の仕事であり，教授は説明するだけです。学生もまた，解剖を見るだけで，通常は実践したりしません。

ラテン語の世界　　そしてこの区別は，ただでさえ少数派である，読み書きのできる人々を二つに分けていました。どういうことかというと，大学で使用されていた言語はそれぞれの土地の言葉ではなく，ラテン語という，古代ローマ帝国の公用語だったのです。教科書もすべてラテン語です。ですから先の三学とは，全部ラテン語での文法や書き方の勉強です。古代ローマ帝国ははるか昔に滅び，ラテン語を日常生活で使っている人はもういなくなっているのに，です。日本でその状況をイメージするなら，教科書が全部漢文で書いてあるようなものでしょうか。実際，平安時代などでは公文書はすべて漢文で書かれていました。ひらがなは「女手」であり，日本語は漢文より格下の言語だったのです。ですから平安貴族の男子は，みんな子どものときから漢文を習います。同様にヨーロッパでは，大学に行くような家の子どもは，その前にラテン語を勉強します。そうしないと入学しても何も理解できないからです。これは留学や学者同士の国際交流には便利ですが，国内では「ラテン語ができるかどうか」で人が分断されてしまいます。

実は中世にはキリスト教の聖典である聖書も，基本的にラテン語訳しかありませんでした。ということは，ラテン語が読めない人は，キリスト教徒であっても聖書が読めないのです。聖書はもともとヘブライ語（旧約聖書）とギリシア語（新約聖書）で書かれていましたが，4世紀から5世紀頃にローマ帝国でラテン語に訳され，その後カトリック教会はこれ以上の翻訳を認めなくなります。中世になると，もはやヘブライ語やギリシア語を読める人はほとんどいません。それよりは多いとはいえ，ラテン語を読める人もしょせん少数です。要するに庶民のほぼ全員は聖書が読めず，誰かに読んでもらっても理解できません。しかも教会のミサもラテン語でのみ行われていたのです。これが中世の「キリスト教社会」でした。

ルターの宗教改革　ルネサンスになって宗教改革が起きたとき，マルチン・ルター（Martin Luther, 1483–1546）が聖書をドイツ語に訳したことの裏にはこういう事情があるのです。これに対してカトリック教会は激しい反発を示しました。要するに，古代ギリシアからこの時代まで，ヨーロッパの自由な知識は「万人のもの」ではなかったのです。知識はラテン語に独占されており，知識も教養も，肉体労働から逃れた一部の人のもの，というのがこの時代の「常識」でした。当時の教育制度を見るとそれがよくわかります。この時代，子どもは早い時期に大学に行くルート（ラテン語を学ぶルート）とそれ以外で明確に分けられていました。そして平安貴族同様，これは男の子だけの話です。女の子には，高い身分であってもまともな教育機関はありませんでした。これについては最後のところで述べます。ともあれ男性の中でも，職人，つまり技術屋にはラテン語を学ぶ機会はありませんでした。

レオナルド・ダ・ヴィンチ　皆さんがよく知っている大芸術家レオナルド・ダ・ヴィンチ（Leonardo da Vinci, 1452–1519），あの万能の天才も社会階級としては職人でしたから，大学に行っていませんし，ラテン語も習っていません。しかし，当時はラテン語が読めないと学問の本が読めないので，向学心のあるレオナルドは独学でラテン語を学び，学者のアカデミーにも出入りしました。ただ，これは天才レオナルドだからできたことで，普通の職人にこうした真似はできません。学者と職人という二つの世界の差は，なかなか縮まりませんでした。

レオナルドとは逆に，学者でありながら職人に近づいた人物がいます。地動説を唱えて宗教裁判にかけられたガリレオ・ガリレイ（Galileo Galilei, 1564–1642）です。実はガリレオが守旧派の人々に嫌われたのは，カトリック教会が正しいとした天動説に反対したからだけではありません。当時の社会階級の垣根を超えて職人と交わり，彼らが読めるようにと，自分の学問の本を，俗語としておとしめられていたイタリア語で書いたりしたこともその一因です。ガリレオは，自然法則を理解するには実験や観察が重要だと思っていました。そのためには正確な装置が必要です。必然的にモノづくりが大事になります。職人にきちんとした知識がないと，精度の高い天体望遠鏡はつくれません。にもかかわらず，学問の本がラテン語で書いてあるせいで，徒弟奉公的訓練しか受けていない職人にはそれが読めません。それでガリレオは素質のある職人に学問を授けたいと思い，自分の本をイタリア語で書いたのです。ガリレオはこのような「急進的な」態度をとる人だったのです。

すなわち，一般的には技術は教養に含まれておらず，知識人に手仕事の知識がいらないように，技術屋には教養など不要というのが，長い間のヨーロッパの「常識」でした。

2　啓蒙時代と聖俗革命

18世紀の啓蒙時代になると，中世のようなキリスト教一辺倒の社会が変化し出します。そもそも，17世紀半ばくらいまでは，ヨーロッパの人々は「未来」に期待していません。乳幼児死亡率は高く，自然の変化は大抵において楽しくないもの——大嵐，噴火，地震，津波，疫病など——であり，「人生設計」を描くことができるのはごく一部の特権階級だけでした。いえ，その特権階級ですら，疫病などから逃れられる保証はありません。未来は常に不安定だったのです。

こうした中で，人々の救いは「来世」でした。だから天国行きを保証してくれるキリスト教会の力は絶大だったのです。宗教改革も，そもそもカトリック教会が天国行きの贖宥状を売り出したことが原因です。お金で天国を買おうなどという発想は，まじめな修道士ルターには許せないことだったかもしれませんが，「天国」，つまり来世こそが人々の切なる希望だということを理解していたからこそ，カトリック教会は贖宥状を売り出したのです。このような来世中心の傾向が 17 世紀の末頃から少しずつ変化し出します。人々が「この世」に希望をもち始めたのです。つまり，「あの世」に行くためにある修業の場でしかない「この世」ではなく，幸福に生きるための場としての「この世」に人々が目を向け始めたのです。

こうした変化を「聖俗革命」と呼ぶことがあります。つまりあの世（聖）からこの世（俗）への重心の転換です。使用する言語も変わります。とくにイギリスとフランスでは，学問の本もまた自国の言葉で執筆する知識人が主流になってきました。「昔」ではなく，「今」皆が使っている言葉が重視され出したのです。

近代科学の誕生　ガリレオたちが起こした 17 世紀の科学革命も聖俗革命に一役買いました。実は科学革命によって誕生した近代科学は，初めはキリスト教との強い結びつきがありました。惑星の三法則を発見したヨハネス・ケプラー（Johannes Kepler, 1571–1630）や，気体の法則の発見者ロバート・ボイル（Robert Boyle, 1627–91）などはとくに敬虔なキリスト教徒です。彼らは自分たちの科学研究を，キリスト教の神の意図を探る，一種の宗教的行為とみなしていました。

なぜなら彼らにとっては，この宇宙とその法則を創造したのはキリスト教の神だからです。しかも，自然は人間より下にあるもの，人間の役に立つためにある存在だという概念もまたキリスト教がもっていた自然観です。これは八百万の神を信じていた昔の日本にはなかった考え方です。だから「自然の利用」に役立つ力としての近代科学や技術の知も，実はキリスト教の自然観から生まれたものでした。

しかしこれらの知を，その発見者たちの意図とは逆に，キリスト教会の弱体化に使う知識人たちが出現し始めます。たとえば地動説を以下のように使うのです。天動説では地球は自転も公転もせずに宇宙の中心に鎮座しています。他の星には地球と似たところはありません。地球は特別な星なのです。でも，地動説では地球は太陽系の第三惑星にすぎません。こうなると地球は他の星，とくに月や惑星と似ているのではないかという考えが生まれます。ここから「宇宙人」の可能性が議論され始めるのです。ところがこれはキリスト教ではタブーでした。なぜなら聖書に宇宙人など出てこないからです。

たとえばフランスで17世紀の末から18世紀の半ばまで活躍したベルナール・ド・フォントネル（Bernard le Bovier de Fontenelle, 1657–1757）は，パリの科学アカデミーの会員で，地動説宇宙論の推進者でした。フォントネルは宇宙人の可能性を示唆する『世界の複数性についての対話』（1686）というフランス語の本を書いて，新しい科学が人類に見せてくれる世界の中で，聖書を文字通りに受け取ることの危険性を指摘します。こうした意図的な作品だけでなく，大航海時代以降にキリスト教以外の文明世界を見てきた航海士や宣教師たちの報告も，教会の主張をうのみにできないことを人々に教える結果になります。というのも，当時は「キリスト教つ倫理」でしたから，「道徳的な非キリスト教徒」などという人間は存在しないはずでした。しかし安土桃山時代の洗練された文化を生きる日本人を見た宣教師は，とても彼らを「野蛮人」と決めつけられません。キリスト教なしでも人が道徳的でいられるならば，教会の存在意義とは何なのでしょう。

詩人ヴォルテール　フォントネルの次の世代に，やはりフランスにヴォルテール（Voltaire, 1694-1778）という啓蒙主義者が登場します。この人はジャーナリスト・詩人・劇作家として聖俗革命を推進するような作品をたくさん残しています。この頃は，もうフランス人でラテン語の本を書く人はほとんどいなくなっていました。ヴォルテールのフランス語は流麗で刺激的な分，教会と固く結びついていた当時の国王にとって，頭の痛いものでした。というのも，フランス王室では王を王と定めるのは神であるという王権神授説を支持していましたから，キリスト教の神様が否定されると困るのです。「この世の人」（1736）という詩で，ヴォルテールが神の創造した最初の男女であるアダムとイヴが住んでいた楽園をけなし，現在のフランスの方が，文明が進んでいてよほどいいと主張したので，彼は王権に逮捕されそうになります。それほどにキリスト教の教えを批判することは重大な罪とみなされていました。それでもこうしたふとどき者が次から次へと現れるというのが，この18世紀啓蒙時代の特徴でした。世の中の価値観が揺らいでいたのです。

実際，ケプラーたちの世代なら，自分たちの時代の方がアダムとイヴの楽園より良かったなどという主張は，全く受け入れられなかったでしょう。なんと驚くことに，現在でも通用する自然法則を発見したケプラーは，これを自分独自の発見ではなく，古代の哲学者はすでにこんな知識をもっていた，自分はそれを再発見しただけと思っていたのです。多くの人々は長い間，どこか古代に高度な文明，あるいは楽園のような世界が存在していたが，その後人類は堕落したと考えていました。それをヴォルテールが一蹴したのです。原始時代は不潔な非文明的世界で，「今」こそが良き時代であり，人類はこれをさらにより良くすることができるという進歩史的な歴史観が広まり出します。近代科学や技術の発展がこの歴史観を後押ししたのです。

3　『百科全書』と技術

こんな中に出現した大計画が『百科全書』（1751–72）です。『百科全書』は，フランスの啓蒙主義者ドゥニ・ディドロ（Deni Diderot, 1713–84）とジャン・ル・ロン・ダランベール（Jean Le Rond D'Alembert, 1717–83）が中心の編纂者になってつくった大百科事典です。ヴォルテールもこれに寄稿しています。全部で28巻（本文17巻，図版11巻）もあり，第1巻から最終巻出版までに21年もかかった大作です。わかっているだけでも，200人以上の執筆者がいます。ここには先に述べた聖俗革命の精神があふれていました。ですからこの本は，何度も何度も王政や教会に批判され，出版禁止命令を受けました。そんな迫害の中で，非常に興味深い試みがなされます。二度目の刊行中断の最中に，別巻である，主に技術に関する図版の予約購読者が新たに募集され，これが1762年から順次出版されてゆきます。技術は哲学のように直接体制を批判するものではありませんから，図版には誰も文句をつけません。しかしこの図版とその解説には，それまでの学問ランキングを変える大きな力がありました。

技術の尊重　とくに親方職人を父にもつディドロは，社会における技術の有用性を具体的に知っていましたし，そのことを重視していました。彼は，技術は国を富ませ社会を進歩させるとして，自分たちの時代の技術のレベルを現在および後世に示すことが重要だと考えました。それは，社会において本当に尊重されるべき存在は誰なのかを問うことにもつながります。そもそも『百科全書』の正式名称には「学問・技芸・工芸の合理的事典」というただし書きがついており，ここに編纂者たちの「新しい価値観を創設しよう」という意気込みを見ることができます。

数学者で物理学者でもあったダランベールも，第1巻の序論の中で，「社会は，それを啓蒙する偉大な天才たちを正当に尊敬する一方，社会に奉仕する手を卑しむべきでない」（ディドロ／ダランベール 1971：60）として，古代から中世にかけての技術蔑視の考え方は間違っていると明言しています。ダランベールの鋭いところは，いわゆる学者が職人を見くびるだけでなく，世間もそう考えているし，こうした机上の知識偏重の価値観を職人自身が共有してしまっているところに問題があると書いていることです。これはまさに，ガリレオが見た，学問に近づきたいけれど自分には無理だろうと思いこんでいる職人の姿そのものでした。こうした風潮に対してダランベールは，技術の知識は自分たちの時代の「教養」の一つだと訴えたのです。手仕事についても人々は関心をもつべきであり，社会にとっては頭と手の両方のバランスが同じように重要だ，というのが彼の主張でした。当然ここでは「教養」をもつべき人々の想定範囲が中世よりかなり広がっています。

さらに，『百科全書』本文の項目には，科学や技術のテーマが多いだけでなく，一見それらと関係ないような項目においても，科学的なデータが採用されています。『百科全書』で一般に取り上げられるのは，二人の編纂者やジャン・ジャック・ルソー（Jean Jacques Rousseau, 1712–78）のような有名な啓蒙主義者が書いた哲学的，政治的な項目――それが政府ににらまれた場合はとくに――ですが，この事典にはさらに地味で，しかしよく読むと革命的な項目がたくさんあります。多くの執筆者は，声高に批判することなしに，旧来のキリスト教的価値観を知の前線から追いやることを目指したのです。『百科全書』は，大部の技術の図版を付加し，科学的データを尊重する本文項目をたくさん載せることで，広い範囲の人々にメッセージを送りました。「天国」，つまり教会や王政にすがって生きるのではなく，この「合理的」事典で科学的な知を得て論理的に考える習慣を身につけ，社会を改善して現世の幸福を追求せよ，と。百科全書派の啓蒙主義者にとって，科学や技術の知識は，彼らが目指す方向に人間を誘導することのできる重要な要素でした。ですから『百科全書』では，技術者は格下どころか社会の重要な構成員なのです。

4 『ミクロメガス』――啓蒙主義の「夢」

ここでヴォルテールが提案した「科学的知識」の応用例を見て，この時代の夢と限界について考えてみましょう。先に

「宇宙人」は反キリスト教的発想だと書きましたが，ヴォルテール作『ミクロメガス』はその，宇宙人の出てくるSF的な笑い話です。

詩人ヴォルテールのSF　シリウス星系の一惑星に住むミクロメガスという才気あふれる宇宙人が，故郷で巻き込まれたくだらない宗教トラブルにうんざりして，気分転換のために太陽系にやってきます。そこで，やはり知識人であった土星人と知り合い，意気投合した二人は地球に向かいます。彼らは大西洋で，ちょうど北極圏探検から帰ってくる途中のパリ科学アカデミーの学者一行に遭遇します。この探検は1737年に実際に行われたもので，それまでフランスでは反対派の多かったニュートンの万有引力理論の勝利を決定づけた重要なイベントでした。要するに登場人物はみな，その星では先端的知識人とみなされる存在です。

ヴォルテールの頭の中では，大きな星に住む知的生命体はその分体が大きいことになっているので，地球人から見るとミクロメガスは全体が見えないほどの巨人であり，土星人もそれなりの巨人でした。さらに，登場人物は皆，体長と知性が比例していると考えており，地球人があまりに小さいので，宇宙人ふたりは初め地球人を馬鹿にしていました。地球人もまた，宇宙人の大きさに怯えていました。ところがこの，ダニのようなちっぽけな地球人学者たちは，もっていた測量機器でミクロメガスたちの身長を正確に割り出し，彼の出す科学的な質問——シリウスからふたご座のカストルまでの距離，地球から月までの距離，地球上の大気の重量など——に対して，全員一致で素早く確実な返答をするのです。ここには自然法則は宇宙全体で普遍のものだという前提があります。この返答に驚き，ミクロメガスは体長で知性を決めつけていた自分の偏見を反省します。

ところが，ミクロメガスが地球人を見直そうとしていたちょうどそのとき，彼はふとこれらの学者たちに，哲学的かつ宗教的な質問を投げかけてみます。「霊魂とは何か」と。そうしたらどうでしょう，全員の意見が割れて大騒ぎになり，いがみ合いが始まるのです。挙句の果てに「自分が少しも理解していないことは，自分にいちばんわからない言葉〔ギリシア語〕で適当に引用する必要があるからです」（ヴォルテール 2005：41）と言い出す輩まで出てくる始末です。ミクロメガスと土星人はげんなりして，やっぱりこのダニ共はおろかであったと結論づけ，地球を去ります。

科学によるキリスト教批判　さて，この話の教訓は何でしょうか。それは科学的知の確実さに比する哲学的・宗教的知の不確かさであり，それがもたらす人間同士のおろかな争いです。前者は人間を団結させ，後者は人間を分断します。実際，ヴォルテールはその生涯で何度も，宗教的不寛容のために命を落とした人々の弁護や名誉回復のために戦いましたが，勝利することはまれでした。彼は科学的な合理性こそがこうした無知蒙昧から人々を救うのだと言いたかったのです。

ヴォルテールはまた，恋人だった科学啓蒙家エミリー・デュ・シャトレ（Émilie du Châtelet, 1706–49）と一緒に，科学的見地からの聖書批判もしています。聖書の「奇跡」を科学的にこき下ろして，「奇跡」や「罰」を与える神などどこにもいないと主張しました。ただ，ヴォルテールは本当の意味で自然科学を研究した人ではありません。それができたのはむしろ恋人のデュ・シャトレの方で，彼はいわゆる「バリバリの文系」タイプの人間です。実のところ，ヴォルテールが欲しかったのは科学知識そのものではなく，科学の確実性によって宗教や偏見の不確かさを叩くことができる，というお墨付きでした。

批判の限界　しかし現実の科学研究の先端に分け入ると，話はそんなに簡単ではありません。同じ現象に対していくつかの説が立ち，なかなか一意に決まらないのが常です。2020 年に始まるコロナ禍における医師たちの見解は，その人がより専門家であればあるほど慎重であり，白黒はっきり言明しないのが常なのは，皆さんも気が付かれたと思います。自然現象とはそのようなものなのです。「霊魂とは何か？」という問いよりは答えが出やすいかもしれませんが，単純に割り切れる話は少ないのです。ヴォルテールがあんなに単純に表現できたのは，彼が本当の科学の現場を知らないからです。科学における見かけの明晰さを，全体に当てはめた結果にすぎません。

このことは，たとえば物理学者だったダランベールにはわかっていたはずです。それでも，共通の敵である「宗教的」偏見や狂信の追放のために，彼のような啓蒙主義者たちも往々にして「科学における見かけの明晰さ」を，社会のあいまいさに対抗する武器として利用しました。当然ですが，その方法は常に有効ではありませんでした。これは啓蒙主義の限界の一つであり，倒すべき旧弊な制度や慣習の堅固さに対抗するゆえの，理性「信仰」の暴走とも言えるでしょう。

5　知識や教養は誰のものなのか
―― ジェンダー・民族・階級の問題

現代の私たちから見ると，啓蒙主義者たちの高邁な理想にはもう一つ盲点がありました。知識や教養をもつべき「人」の実際の範囲はどこまでか，という問題です。たとえば先の，自然科学の方法をどのように社会に応用できるのかという話なら，現在のわれわれから見れば，ヴォルテールよりも高等数学や物理学を理解していたデュ・シャトレが語ればよかったように見えます。ところが，これは非常に難しいことでした。中世でも，啓蒙の18世紀においても，大学やコレージュなどの高等・中等教育機関はすべて男子校でした。デュ・シャトレの高い知識と教養は，家庭教育と本人の努力の賜物です。職人ルートのレオナルドが学校でラテン語を学べなかったように，女性ルートのデュ・シャトレにはいかなる学問を学ぶ正式な場もないのです。それは女性が自分の意見を公表することを，社会が良しとしないことを意味します。女性が身につけるべき教養と，男性のそれとは同じではなかったのです。

ですから，「古代ギリシアの教養」であれ「啓蒙時代の教養」であれ，それを考えるにあたっては，内容だけでなく，それが対象にしていた人間は誰なのか，ということを念頭に置く必要があります。『百科全書』のような書物に「人類」と書いてあっても，そこに女性は，労働者は，外国人は，異教徒は本当に含まれていたのか。あなたがアジア系の日本人だとして，執筆者はあなたを，この「人類」の範囲に含めているだろうか，ということを考えてみることは重要です。

デュ・シャトレはヴォルテールとともに様々な学問を学び，男性知識人と語り合うことを通して，女性である自分もまた「考える生き物」であることを知ったと書き残しています。29歳のときのことです。平民でも知識人階級だったヴォルテールやディドロが，こんなことで悩んだことなど一度もないでしょう。ところが，名門貴族の令嬢であったデュ・シャトレはこの年になって初めて，自分をそのように見ることができたのです。ほぼ全員が男性であった啓蒙主義者たちの多くは，万人に与えられた「理性」をきちんと働かせるならば，人は『ミクロメガス』に登場する学者たちが自然法則を説明するように，ものごとを明確に理解できると主張しました。『百科全書』序論のダランベールの主張「こういってもおそらく間違いないだろうが，厳密さと正しい論理〔的秩序〕とをもってすれば，ほとんどいかなる学問や技術でも，知能の劣った精神にさえ教えることができるだろう」（ディドロ／ダランベール 1971：48）とは，男性啓蒙主義者の典型的な見解です。けれども，この文章を書いたときのダランベールに，本当に「全人類」にこの法則を当てはめる気があったのかどうかは，実はかなりあやしいのです。

実際，その社会の王道から外れている人々は，本を読んだり講演を聞いたりしただけでは，なかなか自分が「そういう主張をする人たち」のようになれるとは思えません。やはり，デュ・シャトレのように，そうした人たちとの語りといった体験を経て初めて，自分の知性を実感できるようになるのです。徐々に自信をつけていったデュ・シャトレは，最後にはアイザック・ニュートン（Isaarc Newton, 1743-1827）の『プリンキピア』（ラテン語）をフランス語に訳して出版するまでになります。これは万有引力と運動の三法則を示したニュートンの代表作であり，啓蒙主義者の希望の本でもありました。

6　科学技術と教養——工学は何を目指すのか

『プリンキピア』で示された整然とした数学的世界は，第4節の『ミクロメガス』で見たように多くの啓蒙主義者に夢を与えました。繰り返しになりますが，それは「真の知識は自然諸科学の方法によってのみ得られる」もので，「感覚に裏付けられた知識の成長を助けに，理性の力を行使する」（バーリン 2021：82-83）ことで，人類の諸問題を解決できるだろうという夢です。さらに科学を基礎に発達した技術は，具体的な生活の改善をもたらす吉報でした。というのも，生活の改善は一部の知識人だけでなく，多くの人に現世での希望をもたせることができるからです。だからこそ『百科全書』は技術を強調し，技術の知識を教養の一つに含めたのです。

事典完成から20数年のちのフランスでは，フランス革命を経た1794年，世界初の工業大学であるエコール・ポリテクニークが設立されました。ここから世界に「エリートエンジニア」が送り出されます。レオナルドやガリレオの夢，手仕事と知的な仕事の融合がなされ，技術者が尊敬される社会が始まったのです。

しかしその後，科学技術が尊重される時代になって，人類の諸問題がみな，その発想で解決できているわけではありません。それはあくまで，啓蒙主義者の「夢」だったのであり，現実はもっと複雑です。今周囲を見渡して気づくのは，諸問題を解決するはずだった科学技術が，地球温暖化や原子力の脅威といった，「新しい諸問題」を作り出してすらいるということです。第7章の心理学のところを読んでいただければわかりますが，「こうであってほしい」と「こうだろう」は同義ではないのです。21世紀の現在，技術者の教養として必要なのは，一見啓蒙主義者の主張に反対するものかもしれません。彼らはギリシア以来の伝統に立ち向かい，「手仕事につながる」幅広い教養を主張しました。それが行きついた現代日本では，むしろ「すぐには役に立たない」自由学芸的教養がないがしろにされている感があります。けれども，本当にそれでいいのでしょうか。いったい「役に立つ」とはどういうことなのでしょう。「役に立つ」ものが，あとあと「有害なもの」と分かることはままあります。そもそも「善」か「悪」かの，ただ一つの性質しか持たないような，モノも思想も存在しないのではないでしょうか。

だからこそ私は，やはり現代においても両方の教養が必要だと思うのです。科学技術に関わる人たちには，とくに，一見「何の役に立つのかよくわからない」教養によって，「わりきれない」世界のあいまいさに耐える精神力をつけてほしいと思います。こうした，広い意味での哲学的な教養こそが，答えが一つではない問いに向き合うとき，人を短絡的にさせないための歯止めとなるものです。

もしヴォルテールたちが今ここにいたら，人類の諸問題が「理性」だけで解決できるとは言わないでしょう。彼らは改めて「新しい教養」について検討を始めるにちがいありません。それぞれの時代と場所には，そこにふさわしい教養が必要です。私は，工学を修めた人が本書のような本を読んで，その上で他分野の人と議論できる場があればいいなと思います。というのも，それはかつてのデュ・シャトレのように

「自分は考える生き物だ」ということを自分自身に再認識させ，その人が自分の専門分野の社会的意味について，新しい視点から考える契機とすることができるからです。

参考文献

井田尚（2019）『百科全書』慶應義塾大学出版会

ヴォルテール（2005）植田祐次訳『カンディード　他五編』岩波文庫

川島慶子（2005）『エミリー・デュ・シャトレとマリー・ラヴワジエ』東京大学出版会

ディドロ／ダランベール編（1971）桑原武夫訳編『百科全書——序論および代表項目』岩波文庫

バーリン，アイザイア（2021）松本礼二編『反啓蒙思想　他二編』岩波文庫

ピノー，マドレーヌ（2017）小嶋竜寿訳『百科全書』白水社

フォントネル，ベルナール・ド（1992）赤木昭三訳『世界の複数性についての対話』工作舎

ミノワ，ジョルジュ（2011）幸田礼雅訳『ガリレオ——伝説を排した実像』白水社

村上陽一郎（2002）『近代科学と聖俗革命』〈新版〉新曜社

————（2009）『あらためて教養とは』新潮文庫

第4章
日本における教養史
――大正教養主義を中心に――

犬塚　悠

はじめに

本書のテーマである「教養」は，今日の日本社会でも一般的に用いられている言葉です。しかし，その意味・用法は時代によって変化してきました。人々はこの言葉にどのような意味づけをし，この言葉を用いてどのような考えを述べてきたのでしょうか。

本章では，大正時代（1912–26）を中心に日本における教養の歴史を見ていきます。なぜ大正時代に注目するのかといいますと，この時代には「大正教養主義」と呼ばれる思想的態度が登場し，それが今日の日本語の「教養」がもつ意味に大きく影響しているためです。

あらゆる言葉には歴史があり，過去に生きた人々の思いが込められています。大正期に阿部次郎や和辻哲郎（わつじてつろう）といった人物らによって「教養」という言葉が形成されていった過程，そして彼らに向けられてきた当時の，そして現代の批判を知ることは，皆さんが今日「教養」に対して批判的距離をとり（すなわち，社会で語られている「教養」の意味を鵜呑みにせず），そのあるべき姿を考える手がかりとなるでしょう。

1 「修養」と「教養」

大正期の「教養」を見ていく前に，まずはその背景として大正以前の「教養」，また「修養」という言葉に少しだけ目を向けてみましょう。

今日の「教養」は名詞としてのみ用いられることが一般的ですが，大正以前の「教養」は「子どもを教養する」などと動詞的に用いられ，その意味は「教える」「育てる」というものでした（升 2014：14）。すなわち「教養」は，今日のように特別な意味はなく，単に「教育」という比較的中立的な意味合いをもっていたといえます。

修養の流行　一方で，明治30年（1897）頃から注目された別の言葉に「修養」というものがあります。この「修養」には元来，徳を身につけ人格を形成していくことという儒教的な意味がありました（升 2014：15）。筒井清忠の『日本型「教養」の運命』（2009）は，大正教養主義を含めた日本における教養主義の研究として重要な文献ですが，筒井は明治後期にあたる明治30年から40年代において，まずこの「修養」という語が国民に広く意識されるようになったと指摘しています（筒井 2009：5）。この時期は，高等学校の受験競争が厳しくなるに伴ってそこからの脱落者も増え，明治前期の立身出世主義に陰りが見え始めた時期でした。また日清・日露戦争の勝利によって一種の「社会的弛緩状態」もありました。このような状況において登場したのが「修養」を目的とする思想・運動です。たとえば，清沢満之（きよざわまんし）という人物は「修養は人生の第一義たるものなり」と説き（筒井 2009：8），蓮沼門三（はすぬまもんぞう）は「自己の修養につとめ，人格の向上をはか」ることを目的とした「修養団」を設立しました（筒井 2009：11）。

筒井は，この修養主義から生じたのが大正教養主義であったと位置づけています（筒井 2009：33）。両者とも人格の形成・向上を目指した点では共通しますが，一つの違いは，前者が大衆を対象としたのに対し，後者がエリート文化に属するものとなったという点です。たとえば新渡戸稲造（にとべいなぞう）は，彼が校長を務めた第一高等学校（一高（いちこう））で修養を説き校風を大きく変えた一方で，大衆雑誌『実業之日本』において修養論を連載し，それらをまとめた単行本はベストセラーとなりました（筒井 2009：35）。しかし次に見ていくように，新渡戸の影響も受けた和辻哲郎ら一高生が後のエリート文化としての教養主義の担い手となり，修養主義から分離していきます。

2　大正教養主義

大正期には，いわゆる「大正教養主義」が興隆しました。この時代の教養主義は一般に「哲学・歴史・文学など人文学の読書を中心にした人格の完成を目指す態度」などと定義されます（竹内 2003：40）。その代表的な担い手となったのが阿部次郎や和辻哲郎，倉田百三（くらたひゃくぞう）や西田幾多郎（にしだきたろう）といった人物であり，彼らの著作の読者は主に旧制高等学校・帝国大学の学生や卒業生，すなわちエリート層の男性でした（また後ほど見るように，彼ら高学歴男性の周囲にいたごく一部の女性も関わっていました）。大正教養主義について，大正3年（1914）から6年（1917）にかけて一高に在籍した哲学者，三木清（みききよし）の「読書遍歴」（1941）における次の言葉がしばしば引用されます。

> 教養の観念は主として漱石門下の人々でケーベル博士の影響を受けた人々によって形成されていった。阿部次郎氏の『三太郎の日記』はその代表的な先駆で，私も寄宿寮の消灯後蠟燭（ろうそく）の光で読み耽ったことがある。（三木 1966：387，以下，ルビは引用者）

ケーベル博士　　ここに登場する「漱石門下」とは夏目漱石門下のことであり，また「ケーベル博士」とは東京帝国大学で講師を務めたドイツ系ロシア人ラファエル・フォン・ケーベル（1848–1923）のことです。人文主義的教養を重視し，また教養と人格との結びつきを説いたケーベルは，大正教養主義の源泉・立役者と評されてきました（松井 2018：25-26）。たとえば彼は，「文科大学長に答うる書」において「人文主義的教養（humanistische Bildung）は，学生の為（ため）に，将来に於（お）ける自由なる，独立なる学術的活動に至る針路を開拓する所の，且（か）つ日本人をして恐らくは亦（また）精神的にも我らに比肩するに至らしめる所の唯一の手段である」（ケーベル 1919：423-424；松井 2018：29 より引用）と学生・日本人が人文主義的教養を獲得する必要性を訴え，また「教育（Erziehung）と教養（Bildung）の欠知を示す確かな証左は，余り多く，余り大声で又高調子で話すことである」と述べました（ケーベル 1919：204；松井 2018：30 より引用）。同じく東大で教鞭をとった夏目漱石もケーベルのことを大学で「最も人格の高い教授」と呼んだように，ケーベル自身がその振舞いによって「教養の人」と称されていました（松井 2018：26）。次に見る阿部次郎や和辻哲郎もケーベルを敬愛し，彼に師事していました。一方でケーベルは政治や戦争論議について「この方面の事情は私には殆ど（ほとん）わからない」（ケーベル 1919：332；松井 2018：33 より引用）と述べており，この非政治性は大正教養主義の特徴として受け継がれ，本章でも後に見ていくように批判の対象となりました。

阿部次郎　　大正教養主義の具体例として，阿部次郎と和辻哲郎が「教養」をどのようにとらえていたかを見てみましょう。阿部次郎（1883–1959）は，大正教養主義の代表者と評される人物です（竹内 2018：12）。大正 3 年（1914）に刊行された阿部の『三太郎の日記』は，刊行後即座にベストセラーとなり，当時の旧制高校の学生の愛読書となりました（竹内 2018：114, 175）。その内容は，明治 41 年（1908）から大正 3 年までの阿部の「内面生活の最も直接的な記録」とされ，自我や理想についての小文がまとめられています。

阿部は『三太郎の日記』収録の小文「思想上の民族主義」において，「教養」について次のように述べています。

> そうして自己の教養として見るも，民族的教養は我らにとって唯一の教養ではない。およそ我らにとって教養を求める努力の根本的衝動となるものは普遍的内容を獲得せんとする憧憬である。個体的存在の局限を脱して全体の生命に参加せんとする欲求である。（中略）ゆえに我

らが教養の材料を求めるとき，その材料の価値を定める標準は，（中略）それが神的宇宙的生命に浸透することの深さに依従するのである。この意味において我らは我らの教養を釈迦に（中略）基督（キリスト）に，ダンテに，ゲーテに，ルソーに，カントに求めることについて何の躊躇を感じる義務をも持っていない。（阿部 1960a：432）

この引用に見られるように，阿部にとって「教養」とは「個」（個人）を「普遍」（人類・宇宙）の次元に近づけるためのものでした。その教養を得る先として，民族にかかわらず様々な思想家が挙げられていますが，とくに『三太郎の日記』において目立つのは西欧の哲学や文学の知であり，「近代日本における「教養」は，西欧文化に対する片思いにも似た憧憬と表裏一体のものだった」とも指摘されています（野家 2008：28）。

和辻哲郎　　次に，阿部と深い親交があった和辻哲郎（1889–1960）にとっての「教養」を見てみましょう。大正5年（1916）に書かれたとされる小文「対話」（後に「教養」と改題）は二人の人物の対話からなるもので，小説や戯曲の創作活動をする青年に対し，その友人と思われる人物が，創作する前に教養を積んで自分自身を育てることの重要性を論じるという構成となっています。この友人は次のように述べます。

君は自己を培って行く道を知らないのだ。大きい創作を残すためには自己を大きく育てなくてはならない。だのに君は今のままで小さく固まろうとしている。なにそう

> じゃない，おれは生きた学問をしている，と君はいうかも知れないが，女をどうしたって，社会とどんな関係に立ったって，それを見る眼が元の通りなら，君はやはり元の通りだ。言い古された文句だが，どんなことを経験するかはさほど重大じゃない，どういうふうに経験するかが重大なのだ。君には自分の眼を鋭くしようという心掛けがない。経験を最もよく生かせようとする準備がない。（和辻 1991：100）

そして彼は，「西洋文化は不消化」で，「東洋と日本の文化に対してはもっと関係が薄」く，「人々は極度に教養を怠っている」現状を嘆き，「常に大きいものを見ていたまえ。人類の文化がどこまで昇って行っているかを忘れないようにしていたまえ。偉大な作品を鑑賞して，その中に自己の感情を移入するのは，偉大な心において自己を経験することになるのだ」と忠告します（和辻 1991：101-102）。このように，過去の文化遺産によって自分を養ってこそ新たな創造が可能となるという考えは，今日も見られる教養観です。

また和辻の「すべての芽を培え」（大正６年『中央公論』で発表，翌年『偶像再興』収録）は，当時の教養論の代表例としてしばしば引用される論考です。この中で彼は，青年が恋愛や性欲に身を任せて道徳を放棄してしまうこと，また逆に外から押しつけられた道徳によって生を窒息させ心からの理解・行動ができなくなることの両者を批判します（和辻 1963：128-130）。そして彼が提示するモットーは，「すべてを生かせよ，一切の芽を培え」というものです。恋愛や性欲といった方面の芽は自然にのびていくため，他の美的・道徳的・宗教的な芽に滋養を与えなければならないと和辻はいいます（和辻 1963：131）。

> 青春の時期に最も努むべきことは，日常生活に自然に存在しているのでないいろいろな刺激を自分に与えて，内に萌えいでた精神的な芽を培養しなくてはならない，という所に集まって来るのです。
>
> これがいわゆる「一般教養」の意味です。数千年来人類が築いて来た多くの精神的な宝――芸術，哲学，宗教，歴史――によって，自らを教養する，そこに一切の芽の培養があります。「貴い心情」はかくして得られるのです。全的に生きる生活の力強さはそこから生まれるのです。それは自分をある道徳，ある思想によって縛ることではありません。むしろ自分の内のすべてを流動させ，燃え上がらせ，大きい生の交響楽を響き出させる素地をつくるのです。（和辻 1963：131-132）

和辻が描く教養とは，人を堕落から救い真の自己へと導くものでした（和辻 1963：133）。

旧制高校　以上，ケーベルや阿部・和辻における教養論を見てきました。阿部や和辻らの文章が向けられ，大正教養主義を支える存在となったのは，当時の青年，とくに旧制高校の学生たちでした。竹内洋は学生たちの様子を表すものとして，前述の三木の言葉に加え，大正4年（1915）に刊行された一高の案内本『向陵生活』（弥生ヶ岡草人）にある次の記述に注目しています（竹内 2018：111）。「尚（なお）学校の教科書以外に英独或（あるい）は仏の小説や哲学書を盛んに読む。近所の古本屋等に就いて聞いて見ても，これ等の書を読むのは大学生よりも返って一高生に多いという」。また竹内は，教養思想の興隆には制度的後押しもあったと指摘しています（竹内 2018：113）。大正 7 年（1918），高等学校の目的が大学予科から高等普通教育の完成になったことで，カリキュラムが変更されました。翌年からは理科にも人文社会系科目が増え，文科では自然科学が必修となるとともに哲学概説が設置されることとなりました。

岩波文化　大正教養主義の展開を支えたものとして，さらに出版事業，具体的には岩波書店の名前が挙げられています（竹内 2003：132；高田 2005：140-141 など）。今日も岩波文庫を始めとした学術・教養書を出版している岩波書店は，岩波茂雄が大正 2 年（1913）に神保町に開いた古書店から始まりました。大正 3 年（1914），岩波は夏目漱石の『こゝろ』を自社から出版し，その後漱石の全集も手掛けました（竹内 2003：140）。また大正 4 年（1915）に刊行した『認識論』（紀平正美）を始めとして全 12 冊の哲学叢書を刊行しています。これらの書は大いに売れて岩波書店の文化威信を高め，「哲学書の岩波書店」という位置づけを確立させました。竹内洋は，このような岩波書店の「岩波文化」と官学アカデミズムとの相互依存関係を指摘しています。

> 岩波文化は，東京帝大教授や京都帝大教授の著作を出版するということで，官学アカデミズムによって正統性を付与された。しかし，逆に，官学アカデミズムはみずからの正統性を証明するために民間アカデミズムである岩波文化によりかかった。官学アカデミズムの業績は岩波書店での書籍刊行によって正典化したからである。また

> 諸外国の作品の古典・正典化は，岩波書店刊行の翻訳をつうじて制度化された。岩波文化と官学アカデミズムは，文化の正統化の「キャッチボール」をすることでそれぞれの象徴資本（蓄積された威信）と象徴権力を増大させていったのである。（竹内 2003：160）

当時，大正教養主義に限らず日本の人文学は欧米志向にありましたが，帝大教授が欧米の学説研究と欧米の事情の紹介を担い，岩波書店はそれらを書籍として発表する場を提供することで，互いにその立場を確立させる関係にありました。また高田里惠子は，岩波書店を代表とする出版事業が「大学の外に放り出された文学や思想や哲学を拾い上げ，商品化して教養に変身させる役割を果たした」とも述べています（高田 2005：140-141）。

教養主義からの移行　しかし大正の終わり頃には，青年らの関心は教養主義からマルクス主義に移っていきました。阿部次郎は昭和8年（1919）に書いた「文化の中心問題としての教養」において次のように述べています（「某出版者」とは岩波茂雄のことだろうとされます〔上山 1960：104〕）。

> それは十年以前の昔である。知人の某出版者がある叢書を出版せんとしたとき彼はこれに教養叢書と命名しようとした。しかし彼の店の花形であった若い店員はこの命名に反対した。「教養」といふ語は既に黴臭くなって今日の人心を牽引する力がないというのである。（阿部 1960b：334）

竹内は，大正教養主義における読書・人格重視の傾向が文化的土台としてあったからこそ，西洋の最先端の社会科学としてのマルクス主義に青年が興味をもち受容していったのだと指摘していますが（竹内 2003：50-52），大正教養主義はその後マルクス主義も含め複数の立場から批判されています。どのような批判がなされてきたのか，次の節で見ていきましょう。

3　大正教養主義への批判

三木清による批判　大正教養主義に対する初期の批判としてしばしば取り上げられるのは，三木清（1897-1945）による批判です。『三太郎の日記』を「寄宿寮の消灯後蠟燭の光で読み耽った」という三木の言葉を先ほど引用しましたが，三木は若い頃に大正教養主義の影響を大きく受けつつ，後にそれを批判した人物でした。彼は昭和 16 年（1941）の連載で自身の高校時代を回顧するにあたって，「考えてみると」それが第一次世界大戦の時期と重なっていたと述べ（三木 1966：388），考えてみないと思い出せないほど戦争と自身との間に距離があった原因として，当時の青年を支配していた「教養」という思想の非政治的傾向を挙げています。

> あの第一次世界戦争という大事件に会いながら，私たちは政治に対しても全く無関心であった。或いは無関心であることができた。やがて私どもを支配したのは却ってあの「教養」という思想である。そしてそれは政治といふものを軽蔑して文化を重んじるという，反政治的乃至非政治的傾向をもっていた，それは文化主義的な

考え方のものであった。あの「教養」という思想は文学的・哲学的であった。それは文学や哲学を特別に重んじ，科学とか技術とかいうものは「文化」には属しないで「文明」に属するものと見られて軽んじられた。(三木 1966：389-390)

政治的教養の欠如　またこの回顧に先んじて三木は，昭和12年（1937）の論考「知識人と政治」において「一般に我が国において最も欠けているのは政治的教養であると言いうるであろう。知識人にしても，政治的教養もしくは政治的知性においては，何等知識人らしくない者が少なくない」と，「政治的教養」というものの必要性を訴えています（三木 1967：118)。彼は，政治は政治家のものであり，自身には関係がないとする傾向が当時の知識人の間にあることを批判し，人間は「政治的動物」であり，日常生活すべてが政治的意味をもっているのであるから，最も基礎的な教養として政治的教養を身につけるべきであるとします（三木 1967：126)。

先に挙げたケーベルの言葉の中にも認められるように，大正教養主義は実際に非政治性をもっていました。ただし田中文憲はこの三木の議論には「大きな誤解がある」とし，「政治的動物」という語が用いられていた古代ギリシアにおいて政治に携わることができたのは，事前に諸学を学び――すなわち政治的なものに限らず教養（パイデイア）を身につけ――，体を鍛え，公務での経験を積むといった条件を満たした者であったと批判しています（田中 2014：8)。

唐木順三による批判　三木と並んでよく取り上げられる

大正教養主義批判が，唐木順三（1904–80）による『現代史への試み』における批判です。唐木によれば，明治維新前後に生まれ幼少時に儒教の経典である四書五経の素読（内容を理解せずとも繰り返し音読する学習法）を受けた世代（森鴎外・夏目漱石など）は，「儒教的な武士的な，卑屈をおよそ嫌う高潔なもの」，「経世済民と修業への意志」が根本にあった上で西洋を学んでいました（唐木 1967：35-36）。対して彼らの門下の世代にあたる「大正期の教養派」においてはそのような規範が失われ，「一つの理想，一つの古典を選ぶということをせずに，古典と通称されているさまざまの花から，さまざまな蜜をあつめることが教養」となったとされます（唐木 1967：33）。漱石らのように西洋と東洋との対立・総合における葛藤をもたず，「あれもこれも」摂取する大正期の教養派においては，「外来的なものの読書力，紹介力，翻訳力が教養になり，さらにまた翻訳された文庫本を多く読むことが教養であるということにもなってゆく」と唐木は批判します（唐木 1967：236）。

阿部と和辻による唐木批判　この唐木による批判に対しては，複数の論者が反論をしています。たとえば田中祐介は，唐木が批判する読書偏重について，阿部次郎は明確に否定していると指摘しています（田中 2004：54）。たとえば「読書の意義とその利弊」（大正 10 年，1935）において阿部は，読書はあくまでも生活と体験を補うものであり，読書のみを通じて自己を高めることは不可能であると論じています。

読書は体験を予想する。自ら真剣に生活し真剣に思索し

> ている人にとってのみ読書は効果がある。読書はわれわれの思索と体験とを補うことは出来るが，これに代ることは出来ない——読書の意義を考えるとき，われわれは第一にこの事を記憶して置かなければならない。（阿部 1961：290）

先述の和辻も，「私は誤解をふせぐために繰り返して言います。この「教養」とは様々の精神的の芽を培養することです。ただ学問の意味ではありません。いかに多く知識を取り入れても，それが心の問題とぴったり合っているのでなくては，自己を培うことにはなりません」と警告しています（和辻 1963：133）。

現代の批判　また竹内洋も次のように唐木を批判しています。唐木が大正教養主義を実践を欠いた観照的教養として批判したことで，「多知多趣味を「ひけらかす」教養のイメージ」がつくられたものの，少なくとも大正教養主義の始祖らが目指したものはそのようなイメージとは別物でした（竹内 2018：413-415）。阿部次郎が強調したのは「聖人」に至るための教養主義であり，「教養」とは自らをつくり上げること，つまり人格を鍛えることでした。たとえば阿部は小文「教養の問題」にて，「世を知るのは事を遂げるためである」，「実践の意志によって貫かれるがゆえに，知は活かされもし教養ともなる」と説いていました（阿部 1960b：406）。ただし竹中も，大正教養主義が阿部らによって目指されたものから次第に変化していってしまったことは認めています。

エリート男性の社会的地位，女性　比較的最近の大正教養主義批判としては，高田里恵子による『グロテスクな教養』(2005) があります。高田は，大正期に始まる教養主義が学歴エリートと呼ばれる男性，またそうした男性の近くにいる女性たちの問題であったと指摘します（高田 2005：8)。「受験学力」に対する評価が低い日本において，受験戦争の勝者は「自分がたんなる秀才，たんなる勉強ができるだけの優等生ではない」ことを自他に示さなければなりませんでした（高田 2005：29)。高田は，若いエリート学生におけるこの行動が日本的教養主義の土台であったといいます。すなわち大正教養主義の読書活動は，唐木が批判したような「内面的生活，内生に閉じこもる」ものではなく，「他人との関わりそのもの」でした（高田 2005：39)。当時のエリート学生は地縁・血縁といった紐帯をいったん断ち切ることを自己形成の第一歩とし，その一方で友人・師弟関係といった新たな結びつきを形成しました（高田 2005：37)。「エゴイズムを捨て，他者のために献身せよ」という教養論も，また他者からの承認を求めた死闘を描く教養小説も含めて，教養と他者との関係性とは切り離せない問題であると高田は主張します（高田 2005：53-55)。さらに高田は，ごく一部の女性においても教養は「男探しという女の一大使命」に資するものであったと指摘しています（高田 2005：183)。中流家庭出身の「女学生」は大正期にも 6% のごく少数の女性たちでしたが，彼女たちが身につけた教養は高学歴男性との婚姻へとつながりました（高田 2005：184)。

高田は教養主義の崩壊についても，このエリート層の社会的地位と絡めて言及しています。大正教養主義を担う知的エリートはその出身が貧しいことも多くありましたが，ブルジョア的視点からはその上昇志向の落ち着きのなさが馬鹿にされ，庶民的存在には自分たちを置き去りにする裏切り者のエゴイズムが批判され，さらにマルクス主義者や全共闘学生からは自足しきって動かないことが糾弾されました（高田 2005：205）。しかし戦後に大衆社会へと突入した日本では，大学進学率も増加しエリートに厳しい視線が注がれなくなります（高田 2005：69）。エリートが独占していた「人類・歴史・社会全体に対する使命感・責任感」といった「生きがい」も曖昧になり，教養は問題視されなくなっていきました。また戦前・戦後を含め不景気による男性の就職難が，女性の結婚難・教養崩壊にもつながったと高田は分析します（高田 2005：208）。

4　今日の教養と技術者

前節の最後に取り上げた高田の分析は，教養主義の社会的機能を指摘したものとして有意義なものです。竹内洋も，彼自身青年期に教養主義の影響を受けた最後の方の世代として「教養知は友人に差をつけるファッションだった。なんといっても学のあるほうが，女子大生にもてた。また女子学生も教養がある方が魅力的だった」と述べています（竹内 2003：25）。

ですが，竹内は同時に「しかし，不純な動機だけだったというわけではない。教養を積むことによって人格の完成を望んだり，知識によって社会から悲惨や不幸をなくしたいと思ったことも間違いのないところなのである」とも述べています。教養主義には，このような道徳的価値もあったことを忘れてはなりません。

高田を含め複数の論者が指摘するように，教養主義に対する批判は逆に「教養とはどのようなものであるべきか」を問うているものといえます。高田は前掲書のあとがきで「わたしは，何とか教養によみがえってもらいたいものだ，それどころか，資源のとぼしい日本が生き残るためには教養立国になるしかない，とまで考えている」と述べています（高田 2005：229）。そしてまた教養の定義は，時代的背景を反映しながら更新されていくべきものでしょう。西洋史家の阿部謹也は教養を「自分が社会の中でどのような位置にあり，社会のために何ができるかを知っている状態，あるいはそれを知ろうと努力している状況」と定義しました（阿部 1997：56）。これをふまえて哲学者の野家啓一は「教養とは歴史と社会の中で自分の現在位置を確認するための地図を描くことができ，それに基づいて人類社会のために何をなすべきかを知ろうと努力している状態である」とし，現代の教養は人文知と科学知の双方をその射程に収めねばならないと主張しています（野家 2008：28-29）。教養によって個の意識を社会・人類へと開き高めていくという志は大正教養主義から阿部謹也・野家に受け継がれているといえますが，三木も批判したような大正教養主義における人文知偏重・科学知軽視の態度は変革を求められているといえます。

本書の対象である工科系学生の皆さんが今後社会で活躍していく中でも，理系文系の枠を超えた幅広い知識をもち，自分の社会的役割を問い続けていくことは必要とされるでしょう。そしてその知識は書物から得られるものに限らず，様々な立場・文化の人々との交流から得られるものも含むと考えられます。

大正の技術者・直木倫太郎　阿部次郎らと同時代の技術

者の中には，大正教養主義と同様に人格の向上を目指した人々がいました。その一人は東京築港計画などに携わった土木技術者，直木倫太郎（1876–1943）です。直木は『技術生活より』（大正7年，大正8年再版）にて，技術者の地位が社会からも技術者自身からも低くみなされていることを憂い，技術者が自らの社会的役割を理解し主張する必要性を説きました。現代は技術者が「自己に対し，社会に対し，其専門に対し，其祖先に対して最も大いなる名誉と責任との自覚を持つべき時代」（直木 1919：185）であるとする直木は，「数学，論理，科学，および専攻技術以外新たに人間学――歴史，経済，語学，文学――の研鑽」（直木 1919：186-187）の必要性を訴え，「専門の末枝末節にのみ拘泥して動きの取れざる究極にまで我らを押さえつけ去らんとする今の教育方法の面白からざること」（直木 1919：213）を批判しました。さらに再版時の「序文」において直木は「設計の一線一書，事業の一張一弛にだも必ず技術家の「人格」そのものが付いて回る」ものであり，「「人」あっての「技術」，「人格」あっての「事業」。その「人格」の向上を計らずして独り「技術」の威力の大ならんと欲するは難し」と技術者の人格の向上を訴えています（直木 1919：14-15)。直木は正岡子規らと交流のあった俳人でもあり，「この俳人としての視点また幅広い交友活動が，他の技術者とは異なる独自の技術観を持たせたのではないか」という指摘がなされています（松浦 2014：12)。

宮本武之輔の技術者像　また直木の教え子である宮本武之輔（1892–1941）は，一高・東大を経て内務省に入省し，利根川・荒川の河川改修を手掛け，また技術者の社会的地位・待遇向上を訴える運動を起こした人物でした。一高の同級生芥川龍之介とも生涯付き合いのあった宮本には若い頃から文才があり，その読書量は膨大でした（高橋 2006）。宮本の日記には，「Specialization の代わりに Generalization をすすめ技術家の覚醒を力説する」第一人者として直木のことが記されています（大淀 2014a：27）。そして宮本は仲間と1920 年に設立した技術者団体「日本工人倶楽部」の「発会の辞」において，「文化創造の使命を奉じて盛んに経綸を行うは正に技術者の責任にして，その活動は決して社会の一部に局限せられず広く人類生活の全部を包含せざるべからず」と主張しました（大淀 2014b：32）。

高橋裕は，政治家とも土木現場の人々とも交流をもった宮本の「教養の広さ」を評価しています。

> 宮本は，とにもかくにも幅の広い人です。あれだけの教養の広さ。いろいろな階級の人と話し合うということは，相手の立場を理解できる。そういう人間が今の土木技術者に最も期待されると考えられます。（中略）宮本は，庶民のためにどう役立つか，貢献するかということを考えていたからこそ，積極的に一般庶民と話し合ったのですね。自分のやっている仕事の位置づけ，社会的意義，そして後世にどういう影響があるか。（中略）積極的に違う立場の人の意見を聞いて，それがわかる。それが現在の土木技術者に大変要望されることでしょう。（高橋 2006）

阿部謹也や野家による教養の定義と同様，自らの社会的立場・役割を知るためには幅広い見識としての教養が必要とされ，それは今日社会を大きく変える力をもつ技術者にも望まれることといえるでしょう。

本章では，日本における「教養」の歴史を扱いました。とくに阿部次郎や和辻哲郎らによる大正教養主義を中心に，彼らに向けられた批判も併せて概観しました。本章で取り上げた教養に対する考えはその舞台も時代も限られたものですが，これらや直木倫太郎・宮本武之輔が目指した技術者像も手がかりとしながら，読者の皆さんにも今日の教養のあるべき姿について考えていただけたらと思います。

参考文献

※引用にあたり新字体・現代仮名遣いに改めました。

阿部謹也（1997）『「教養」とは何か』講談社現代新書
阿部次郎（1960a）『阿部次郎全集』第1巻，角川書店
―――（1960b）『阿部次郎全集』第10巻，角川書店
―――（1961）『阿部次郎全集』第6巻，角川書店
上山春平（1960）「阿部次郎の思想史的位置――大正教養主義の検討」『思想』429，371-381頁，岩波書店
大淀昇一（2014a）「宮本武之輔の決意」土木学会土木図書館委員会，直木倫太郎・宮本武之輔研究小委員会編『技術者の自立・技術の独立を求めて――直木倫太郎と宮本武之輔の歩みを中心に』17-28頁，土木学会
―――（2014b）「大正から昭和初頭の技術者運動――宮本武之輔を中心に」土木学会土木図書館委員会，直木倫太郎・宮本武之輔研究小委員会編『技術者の自立・技術の独立を求めて――直木倫太郎と宮本武之輔の歩みを中心に』29-39頁，土木学会
唐木順三（1967）『新版　現代史への試み』筑摩書房
ケーベル（1919）深田康算・久保勉訳『小品集』岩波書店
高田里恵子（2005）『グロテスクな教養』ちくま新書

高橋裕（2006）『民衆のために生きた土木技術者たち』土木学会 Web サイト，https://www.jsce.or.jp/contents/avc/miyamoto_rireki.shtml, 2022 年 9 月 12 日最終閲覧
竹内洋（2003）『教養主義の没落――変わりゆくエリート学生文化』中公新書
――――（2018）『教養派知識人の運命――阿部次郎とその時代』筑摩書房
田中文憲（2014）「日本的教養（1）――教養主義をめぐって」『奈良大学紀要』42，1-22 頁
田中祐介（2004）「思考様式としての大正教養主義――唐木順三による阿部次郎批判の再検討を通じて」『アジア文化研究』30, 51-69 頁，国際基督教大学
筒井清忠（2009）『日本型「教養」の運命――歴史社会学的考察』岩波現代文庫
直木倫太郎（1919）『技術生活より』東京堂・鉄道時報局
野家啓一（2008）「科学技術時代のリベラル・アーツ」『学術の動向』13 (5)，26-30 頁，公益財団法人日本学術協力財団
升信夫（2014）「「修養」，「教養」，paideia――清沢満之，新渡戸稲造，ソクラテス」『桐蔭法学』21 (1)，1-46 頁
松井健人（2018）「大正教養主義と R.v. ケーベル――ケーベル教養論とその歴史的性格の検討」『関東教育学会紀要』45，25-36 頁
松浦茂樹（2014）「直木倫太郎にみる技術者の不満」土木学会土木図書館委員会，直木倫太郎・宮本武之輔研究小委員会編『技術者の自立・技術の独立を求めて――直木倫太郎と宮本武之輔の歩みを中心に』1-16 頁，土木学会
三木清（1966）『三木清全集』第 1 巻，岩波書店
――――（1967）『三木清全集』第 15 巻，岩波書店
和辻哲郎（1963）『和辻哲郎全集』第 17 巻，岩波書店
――――（1991）『和辻哲郎全集』第 21 巻，岩波書店

第Ⅱ部

今を生きる〈リベラルアーツ〉

第5章
歴史学における批判的思考
――ビゴーの「魚釣り遊び」を用いて――

古結 諒子

1　情報を批判的に検討するとは？

本章は，風刺画における事実の不確からしさを用いて，歴史学の研究作業の一つである史料批判について紹介します。

高校での歴史　読者の皆さんの中には歴史ドラマや小説，漫画は好きでも，学習科目としての日本史や世界史には魅力を感じなかった方が多いかもしれません。達成度の判断基準の一つに暗記力が求められ，教科書の内容を覚える作業に辟易した人も居るでしょう。ですが，2022年度から実施された新しい高等学校学習指導要領に基づく新課程「歴史総合」「日本史探究」「世界史探究」では，歴史教育が目指すものが旧来の「歴史を学ぶ」ことから「歴史で学ぶ」ことへと大きく転換しました。この高等学校での新課程への転換自

A1

A2

A3

A4

図 5-1　『トバエ』1 号 1887 年 2 月 15 日（A1–A4）

体，大学における歴史学の研究へのシームレスな実践となる役割が期待されています（杉山 2022）。

大学での歴史学　　実際，大学における歴史学の研究では，教科書の内容をつくり出す裏方へと立場が変わります。歴史は時間を扱う学問であり，年号を覚えることが大切なのではなく，そこから見えてくる事柄の成り立ちや意味を考え

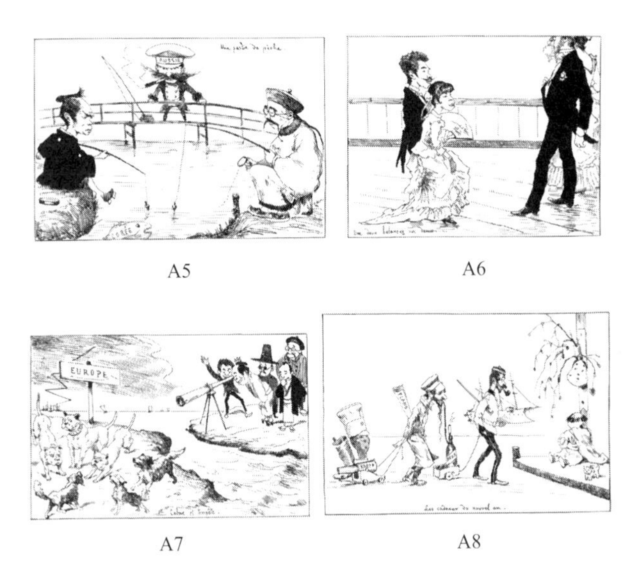

図5-2 『トバエ』同号（A5–A8）

ることが大切なのです（田中 2020)。そのための作業では，根拠である史料の情報源を批判的に（後述）検討し，自ら新たな問いを立ててそこから情報を引き出し，歴史的事実を確定させます。年号や日付が事実を判断する基本となり，関連する知識を動員させつつ，時間軸に沿って事実の前後関係を整理します。問いの立て方には，ある物事に対する「なぜ」といった原因を追究する場合もあり，「どのように」という過程をたどってその出来事の当時としての役割や意味，時代性を追究する場合もあります。そうして描かれる解答は複数存在します。数式で導かれるように一つだけとは限りません。

図5-3　『トバエ』6号
1887年5月1日（B）

史料と史料批判　さて，人々に歴史像を鮮烈に提供する教科書や大河ドラマは，物語としての面白さや現代社会の過去への投影，はては政治的訴えに関心が向かっています。しかし，それらは根拠を示しません。一方，歴史学の研究は過去の忠実な再現に関心があり，史料による根拠を示します（三谷 2006）。ある調査や研究の対象となる材料の総称を「資料」と言いますが，その中でも，歴史的事件，歴史的人物，総じて歴史的対象を分析するにあたって，それに関する情報を引き出しうる一切の材料を「史料」と言います。かつては，一般的には文字で記された情報源，文献資料ないし文書資料を指していました。情報化が進む現代ではあらゆるモノが史料に含まれ，遺物，遺跡，絵画，図像，風俗習慣，謡，音楽，聴き取りの録音といった非文字資料も歴史の情報を引き出す史料になると考えられています。今後はYouTubeのような動画も歴史研究者の考察対象になるでしょう。研究者は史料から文字を代表とするテクスト情報を読み込むことで歴史的事実を確定させますが，その際に文字や描写をそのまま読むわけではありません。的確な問いを立てるだけでなく，史料が提供する情報を批判的に検討する，史料批判の作業を行います。史料批判とは歴史学による情報の批判的検討ですが，この場合の批判とは，善悪を道徳的に判定する意味ではありません。史料が伝える情報を額面

知泉書館

出版案内

2024.8　ver. 63

新　刊

ヨーロッパ思想史入門　歴史を学ばない者に未来はない

パイデイア（中）　ギリシアにおける人間形成〔知泉学術叢書31〕

教理講話　〔知泉学術叢書32〕

デカルト小品集　「真理の探求」「ビュルマンとの対話」ほか〔知泉学術叢書33〕

ヘーゲル全集 第6巻　イェーナ期体系構想Ⅱ　論理学・形而上学・自然哲学（1804/05）

マックス・シェーラー　思想の核心　価値・他者・愛・人格・宗教

ボーヴォワールとサルトル　実存思想論集 XXXIX（39号）

経済学史研究　66巻1号

Ad fontes Sapientiae

〒113-0033 東京都文京区本郷1-13-2
Tel：03-3814-6161／Fax：03-3814-6166
http://www.chisen.co.jp

＊表示はすべて本体価格です。消費税が別途加算されます。
＊これから刊行するものは時期・タイトル等を変更する場合があります。

ヨーロッパ思想史入門 歴史を学ばない者に未来はない

ISBN978-4-86285-412-4
四六判276頁・2300円

金子晴勇著

ヘレニズム，ヘブライズム，ゲルマニズムを三つの
としたヨーロッパ文化の思想について，難しい概念
読み解き，古代から現代まで人々がどのように日常
思索の世界を生きていたのか紹介する。さらに文学
品を通してヨーロッパ思想の多様性も学べる。

【目次】 思想史の主流　ヨーロッパ思想の三つの柱　キリスト
とギリシア文化との交流　アウグスティヌスと世紀の回心　中
思想の意義　一二世紀ルネサンスとヨーロッパ的愛の誕生　ル
サンスと宗教改革　近代世界の三つの理念　デカルトとパスカ
啓蒙主義と敬虔主義　カントとヘーゲル　シュティルナーとキ
ケゴール—唯一者と単独者　人権思想とファシズム　ヨーロッ
のニヒリズム　文学作品からヨーロッパ思想を理解する

パイデイア（中） ギリシアにおける人間形成

ISBN978-4-86285-408-7
新書判846頁・6500円

W.イェーガー著／曽田長人訳　〔知泉学術叢書3

ヨーロッパ文化が長く模範としてきたギリシア古典
代は，国家のメンバーをどのように教育することを
指したのか。ギリシア人の教養と理想的な人間像が
互に作用しつつ形成される経緯を描いた，古典的名
の待望訳。本巻では，プラトンの教育哲学を扱う。

【目次】 第Ⅲ部　偉大な教育者と教育体系の時代　前4世紀　パ
デイアとしてのギリシアの医術　ソクラテス　歴史の中のプラ
ン像　プラトンによるソクラテスの小対話篇:哲学的な問題と
てのアレテー　『プロタゴラス』:ソフィスト的あるいはソクラテ
的なパイデイア？　『ゴルギアス』:真の政治家としての教育
『メノン』:知識の新しい概念　『饗宴』:エロス　『国家』

教理講話

〔知泉学術叢書32〕

ISBN978-4-86285-410-0
新書判552頁・6300円

新神学者シメオン著／大森正樹・谷隆一郎訳

10-11世紀に活躍したビザンティンを代表するシメオンが，修道士たちに向けて霊性を高めるために行った膨大な講話の数々を全訳。神との対話を通して生み出されたシメオンの言葉は深い知恵に裏付けられ，現代のわれわれにも宗教を超えた示唆を与える。

【目次】 はしがき(大森正樹) 第1講話・愛について 第2講話・至福を通してキリストへ 第3講話・修道誓願への忠実 第4講話・悔恨の涙 第5講話・悔い改めについて 第6講話・敬虔者シメオンの模範 第7講話・家族への愛着について 第8講話 完全な愛について，そしてその働きは何であるか ～ 第36講話 神への感謝。霊的祈りと照らし 解題・シメオンに見る神秘主義のすがた(大森正樹) あとがき(谷隆一郎)

デカルト小品集 「真理の探求」「ビュルマンとの対話」ほか

ISBN978-4-86285-411-7
新書判372頁・4000円

山田弘明・吉田健太郎編訳 〔知泉学術叢書33〕

デカルトの『真理の探求』『ビュルマンとの対話』など，小さいながら主要著作にも劣らない独自の内容をもつ小品と関連資料を集めた。さらに訳者による各テキストの詳細な解題と最新研究を反映した「デカルト小伝」，基本文献をまとめた「文献案内」も収録した。

【目次】 自然の光による真理の探求 ビュルマンとの対話 小品A 法学士論文／剣術論／良識の研究／バルザック氏『書簡』所見／機械学／工芸技術学校の計画／演劇の計画 小品B 遺稿目録／デカルトの死をめぐる書簡と報告(デカルトから兄たち宛書簡／シャニュからエリザベト宛書簡／ソメーズの息子からブレギー宛書簡／ヴレンからピソン宛書簡，他) 解題 デカルト小伝 文献案内

ヘーゲル全集 第6巻 イェーナ期体系構想Ⅱ 論理学 形而上学・自然哲学（1804/05）

ISBN978-4-86285-413-1
菊判824頁・10000円

責任編集 座小田豊 （第12回配本

のちの『精神現象学』，『エンツュクロペディー』で展開する学の体系化へと繋がっていく，独創的で豊かな思索の発展の原点を示す「体系構想」。「無限性」などのヘーゲル哲学の重要概念を発展的に展開した1804/05年の手稿と，詳細な解説，充実した索引を収録。

マックス・シェーラー 思想の核心 価値・他者・愛・人格・宗教

ISBN978-4-86285-409-4
四六判266頁・2300円

金子晴勇著

シェーラーはカント人間学を批判し，現代人間学の基礎となる新たな人間学を確立した。人間科学の諸成果を導入し，理性だけに偏らない心情や情緒，間－主観的な「愛」の領域と人格，道徳など，生ける真理の探究者として人間を総合的に考察。実存思想が注目され，見過ごされてきたシェーラーの全体像を紹介する

ボーヴォワールとサルトル 実存思想論集 XXXIX(39号)

ISBN978-4-86285-966-2
A5判224頁・2000円

実存思想協会編

【目次】 ボーヴォワールとサルトル 趣意文(小島優子)/アンチ・アンチ・エイジング—ボーヴォワール『老い』を読む(上野千鶴子)/サルトルの晩年様式—実存と老い(澤田直)/哲学における老いについて—ボーヴォワールとヘーゲルを比較して(小島優子)/サルトルの「老い」—晩年の三つの対話から(竹本研史) **応募論文** ゲオルク・ジンメルのニーチェ「高貴性」解釈—社会的実存と人類的理想(藤谷正太)/「形式的告示」と「本質的に偶因的な表現」—事実的生の三つの意味の方法的使用(山崎諒)/九鬼周造における「実存」の問題—オスカー・ベッカーの「被担性」を手がかりに(上田瑞季)/レヴィナスの「ユダヤ的実存」論—「現存在かＪか」という問題系から(若林和哉) **書評** 鈴木祐丞著『〈実存哲学〉の系譜』(須藤孝也)/編集・校閲 伊藤直樹・大石学・的場哲朗・三浦國泰『ディルタイ全集 第十一巻 日記・書簡集』(山本英輔)/秋富克哉著『ハイデッガーとギリシア悲劇』(関口浩)/嶺秀樹著『絶対無の思索へ』(秋富克哉)/太田裕信著『西田幾多郎の行為の哲学』(相楽勉)/鬼頭葉子著『動物という隣人』(茂牧人)/梶谷真司著『問うとはどういうことか』『書くとはどういうことか』(川﨑惣一)

経済学史研究 66巻1号

ISBN978-4-86285-967-9
B5判128頁・3000円

経済学史学会編

【目次】 **論文** マーシャルにおけるリカードウ経済学方法論の受容—オックスフォード理想主義者たちからの影響(松山直樹) ネオリベラリズムの戦間期日本における一起源—自由通商協会の思想史(岩木雅宏) English Translation Series: Japanese Economic Thought <3> Hajime Kawakami, *Fundamental Principles of Economics* (1928), Preface, Introductions to Parts One and Two(河上肇『経済学大綱』序,(上)序説,(下)序説), with Introduction by Shutaro Muto(Translated by Robert Chapeskie and Shutaro Muto) **第8回経済学史学会賞授賞作** 経済学史学会賞選考委員会より **第21回経済学史学会研究奨励賞授賞作** 経済学史学会研究奨励賞選考委員会より **Notes and Communications** A Landmark in Hume Studies in Economic Thought: Margaret Schabas and Carl Wennerlind's A Philosopher's Economist: Hume and the Rise of Capitalism.(Tatsuya Sakamoto) **書評** (内藤敦之/Mark Metzler/袴田兆彦/Masazumi Wakatabe/矢島ショーン/村井明彦/小野塚知二/山根卓二/瀧澤弘和/柳沢哲哉/鍋島直樹/伊藤宣広/原谷直樹/笠井高人/長津十)

人間学入門 自己とは何か

金子晴勇著 ISBN978-4-86285-399-8 四六判270頁・2300円

人間学は広範で具体的な世界との関連のなかで全体像を構築する。自己認識の視点から，身心論を分析し，ヨーロッパ思想史の固有性，古典などの作品を通して「汝自身を知る」意味を明らかにする。また人間学の歴史や具体的な方法論とその意義も分かりやすく紹介

道しるべ 古の師父たちにならう

谷隆一郎著 ISBN978-4-86285-402-5 四六判294頁・2700円

東西の神学に通暁する著者が聖書や教父の言葉の意味を丁寧に説明し，人生を善く生きるための知恵を示してくれる命の書。古典の言葉を厳選し，貴重な意味を簡潔に紹介し現代に蘇らせる。空海や世阿弥，道元などわが国の知性が同じ境地で生きたことも紹介される

カント政治哲学のコンテクスト 〔知泉学術叢書30〕

ライダール・マリクス著／加藤泰史監訳 ISBN978-4-86285-405-6 新書判366頁・4000円

カントの政治哲学に関わる論争的な言説を追究し，18世紀ドイツにおける公共圏の形成についてカント哲学の貢献を検討する。自由の権利の正当化，平等の扱い，国家の権威に関わる彼の法哲学と政治哲学の解明を通して近代哲学創始の瞬間をも明らかにする。

スキャンダルの狭間で カント形而上学への挑戦 『純粋理性批判』とルソーの影響

ジェレマイア・オルバーグ著 ISBN978-4-86285-406-3 A5判328頁・4500円

カント『純粋理性批判』はルソーから強い影響を受けつつ完成された。カント哲学の前批判期から『純粋理性批判』の成立，その論理構成の全体像にまで踏み込んで，人間理性の限界と対抗性について，著者自身による思想を率直に表明した，他に類書のない意欲作。

意識と〈我々〉 歴史の中で生成するヘーゲル『精神現象学』

飯泉佑介著 ISBN978-4-86285-407-0 菊判444頁・6000円

難解なことに加え，ヘーゲル自身の思索の展開や体系との関連から不完全な著作と言われることもある『精神現象学』をヘーゲル哲学体系の中に位置付けながら，「「学」としての哲学の歴史的生成と正当化」というモチーフのもとに包括的に解釈した本格的業績。

否定神学と〈形而上学の克服〉 シェリングからハイデガーへ

茂 牧人著 ISBN978-4-86285-398-1 A5判290頁・4500円

シェリングの考察からハイデガーのシェリング解釈をへて，ハイデガーの真理論を論ずる。特にシェリングの無底の理解から，ハイデガーの真理論における深淵／脱根底の働きを導出し，理性では理解できない否定神学的省察により〈形而上学の克服〉を遂行した。

進化の中の人間　ヒトの意識進化を哲学する

本　充著　ISBN978-4-86285-403-2　四六判310頁・2700円

命体は複製と代謝，適応機能を備えて進化を促し，そのメカニズムが進化を支え新たな
在を生み出す。進化の中で人間は独自の様相を示し，意識をもち思考する生き物になっ
。先端科学の知見を活用し「進化」を通して人類の未来に新たな知恵を提供する。

渡来人陳元贇（ちんげんいん）の思想と生涯　江戸期日本の老子研究

麗著　ISBN978-4-86285-400-1　A5判344頁・6500円

戸時代初期，多くの明人が王朝交代の混乱を避け，来日した。本書は，尾張藩に仕えた
来明人，陳元贇に焦点を当て，主著『老子経通考』の分析を通し，近世日本思想史でも
開拓な老子思想の受容を解明する。日中文化交流史にも一石を投じる画期的業績である。

名婦伝［ラテン語原文付］〔知泉学術叢書29〕

ッカッチョ著／日向太郎訳　ISBN978-4-86285-401-8　新書判746頁・6400円

書をはじめ，ギリシア神話やホメロス，タキトゥスなどを典拠とし，古代から同時代に
る106人の波乱に富んだ女性たちのエピソードを生き生きと描き出す。ラテン語原文を
文収録し，ルネサンス研究の基礎を築く。〈イタリア・ルネサンス古典シリーズ1〉。

移動する地域社会学　自治・共生・アクターネットワーク理論

藤嘉高著　ISBN978-4-86285-404-9　菊判328頁・4000円

々に変容する地域社会の連関を，社会学はいかに記述できるか。本書はアクターネット
ーク理論によって，コミュニティの多様な動態を描き出す画期的業績である。社会学の
たな研究法に挑むとともに，町づくりや防災の取り組みにも豊かな着想を提供する。

哲　学　第75号　戦争と暴力／中国哲学の可能性

本哲学会編　ISBN978-4-86285-965-5　B5判422頁・1800円

経済学史研究　65巻2号

済学史学会編　ISBN978-4-86285-964-8　B5判192頁・3000円

ヘーゲル全集 第8巻2 精神現象学Ⅱ 責任編集 山口誠一

パイデイア(下) ギリシアにおける人間形成〔知泉学術叢書〕 W. I. イェーガー著 曽田長人訳

アラビア哲学からアルベルトゥス・マグヌスへ 一神教的宇宙論の展開 小林 剛

13世紀の自己認識論 アクアスパルタのマテウスからフライベルクのディートリヒまで〔知泉学術叢書〕 F. X. ピュタラ著 保井亮人訳

ルネサンス教育論集〔知泉学術叢書〕 ヴェルジェリオ／ブルーニ／ピッコロミニ／グアリーノ著 加藤守道・伊藤博明・河合成雄訳

バークリ 記号と精神の哲学 竹中真也著

ヘーゲル『精神哲学』の基底と前哨 栗原 隆著

シェリング自然哲学とは何か グラント『シェリング以後の自然哲学』によせて 松山壽一著

シェリング講義 同一哲学の鍵としての「反復的同一性」〔知泉学術叢書〕 M. フランク著／久保陽一・岡崎秀二郎・飯泉佑介訳

意味と時間 フッサールにおける意味の最根源への遡行 高野 孝著

山田晶 倫理学講義（全五巻） 山田晶著／小浜善信編

中國古代の淫祀とその展開 工藤元男著

中国の秘密結社と演劇 田仲一成著

中国書道史 辻井京雲著／下田章平編

変革する12世紀 テクスト／ことばから見た中世ヨーロッパ 岩波敦子著

ソ連軍政期―建国初期，北朝鮮の内部文書集 第1巻 木村光彦編訳・解説

花と自己変容 世阿弥の謡曲と能楽論を読む 鈴木さやか著

和田三造の生涯 加藤耀子著

中世思想研究 第66号 中世哲学会編

西洋中世研究 第16号 西洋中世学会編

通りに鵜呑みにするのではなく，その有効性や信憑性を吟味することを意味します。その作法については多くの入門書が論じています（伊藤 2012，福井 2019：13-24，東京大学教養学部歴史学部会編 2006，渡辺 2020）。

風刺画による史料批判の紹介　今回取り上げる風刺画A5（図 5-2）は，日本の歴史教科書で目にした方も多いのではないでしょうか。歴史総合の導入によって教科書は 2022 年度から大幅に改訂されましたが，いくつかの教科書は引き続き A5 や B（図 5-3）を採用しています。このように本章で扱う風刺画は他の図像資料とともに学習材（教材）として活用されており，教育現場での活用法に関する研究が盛んです（岡本 2007，古結 2020）。一方で，絵画史料全般はその解釈の難しさから，解釈学習での活用の限界も指摘されています（奥山 2020）。本章は教材としての活用法ではなく，歴史学の研究作業の一つである史料批判を紹介します。情報を批判的に検討する作業自体，絵の読み取りや解釈を行うよりも前の作業に相当すると考えてください。もちろん，情報の批判的検討は歴史学に特化した営みではありません。各専門分野に共通した情報リテラシーにも通じるでしょう（根本 2017）。

大学の研究は教科書の内容を疑うことから始まります。果たして，皆さんは教科書が提供する情報を批判的に見る視点を養えているでしょうか。

2　情報は操作されている

風刺画 A5 は，21 世紀を生きる人に向けて作成されたものではありません。そこで，まずは作成された時点を基準として，いつ，どこで，誰が誰に対して，いかなる目的のために，どのように作成した風刺画であるか，史料に関する情報の出発点を確認しましょう。

ビゴーの『トバエ』　本章冒頭に掲載する通り，A5 は 8 枚のセットの 5 枚目に位置します。この時点で，歴史教科書が紹介する A5 は，便宜上原本が提供する情報の一部であったことが理解できるでしょう。教科書は A5 を 1 枚の風刺画として紹介しますが，元来 A5 は 8 枚セットの形態でした。私たちが A5 を目にしたとき，すでに前後の風刺画を含む他の情報が切り取られていたのです。歴史教科書による 1 枚としての A5 の掲載の仕方により，何らかの操作が行われた情報を見て歴史を学んでいたことが理解できます。こうして全体を見渡すと，もしかして風刺画の順序や前後関係にも意味があるのかもしれません。

次に，表紙に相当する A1（図 5-1）に注目すると，TÔBAÉ（『トバエ』），フランス語で 1887（明治 20）年 2 月 15 日，横浜，クラブホテル，G・ビゴー　定価 80 銭との情報が書かれています。本章はビゴー自身や風刺画のキャプションを含む描写について主に清水勲の研究に依拠しますが（清水 1978，清水 2001，清水編 2017），この風刺画の作成者はフランス人画家のビゴー（Georges Ferdinand Bigot, 1860–1927）で，彼は 1882 年 1 月から 1899 年 6 月まで日本に滞在していました。ビゴーは 1884 年に日本の陸軍士官学校の画学教師の契約期限切れとなり，以降『トバエ』の刊行だけでなく『郵便報知新聞』に挿絵を，週刊誌『団々珍聞』に漫画を描いて生活の糧としていました。A5 を含む A1–A8 の計8枚は，横浜居留地で刊行された『トバエ』創刊号です。中断をはさみつつも，ビゴーは1887年2月創刊–1889年12月の69号まで『トバエ』を刊行し，日本での生活の糧としていました。そして，A5にはフランス語で「魚釣り遊び」というキャプションが付いています。今回扱う創刊号以外にはフランス語だけでなく，場合によって日本語で長文の説明が添えられており，日本人読者を想定していたことも指摘されています。ちなみに，この『トバエ』の名称も江戸時代中期に登場した劇画本「鳥羽絵」に由来した，和語に即した名称なのです。

「魚釣り遊び」とその周辺　歴史教科書によって日本では親しみのあるA5「魚釣り遊び」は，それぞれの登場人物が特定国を指すわかりやすい描写となっています。中央の魚には朝鮮と書かれており，左側のサムライは日本を，右側の辮髪(べんぱつ)姿の人物は当時の中国である清朝を示し，橋の上にたたずむ軍人の帽子にはロシアと書かれています。かつての教科書は「日清戦争」（ビゴー「トバエ」1887年2月15日号）「朝鮮と書かれた魚を釣りあげようとする日清に対し，その横取りをたくらむロシアの野心を描いた風刺画」（詳説日本史図録編集委員会2020：236）と紹介していました。この教科書による紹介の仕方については後述するとして，朝鮮問題をめぐって日清戦争の後に日露戦争が発生した歴史的事実を順序だてて学ぶには，わかりやすい構図となっています。

しかし，現代を生きる読者の皆さんはA1–A8の風刺画すべて，それぞれ何を描写しているのか読み解けるでしょうか。たとえば，A3（図5-1）の場合，伊藤博文や井上馨の登場は判るものの，一見しただけでは何の事件を表し，その描写に何の意味があるのかも判然としません。伊藤博文や井上馨の顔情報を知らない限り，それを読み解くのも困難でしょう。それに対して，1887年2月当時の情報の受信者にはA1–A8が何を指すか，通じたわけです。もちろんその解釈も一様ではなく，受信者の置かれた状況によって銘々に異なったでしょうが，各風刺画が何の場面を表すのか推測できたわけです。

つまり，1887年2月当時の読者がA1–A8の風刺画を理解するために暗黙裡に共有していた常識と，現代を生きる私たちの常識とは異なります。歴史学の研究は，こうした相違を楽しむことから出発します。

3　受信者は誰か――横浜居留地の特殊性

歴史学の研究において史料が提供する情報を解釈する過程には，「史料が言うことを明らかにすることと，史料が言わないことを計算に入れる」，すなわち，書かれていないことにも注目する必要があります（モミッリャーノ 2021：201，伊藤 2012：264）。現代的価値観ではなく当時の時代状況に即して情報を読み解くには，関連する歴史的事項に関するさらなる情報が必要となるのです。暗記した歴史的事項もあながち無駄ではありません。ここでは，『トバエ』が対象とした情報の受信者はどのような人たちであったのかを，関連する歴史的事項とともに述べます。

様々な情報を結びつける　A1（図5-1）の表紙から，横浜，クラブホテルでの刊行，という情報が加わりました。これにより，『トバエ』が対象とした読者は主に1887年刊行当時に横浜居留地に住む，多国籍にわたる外国人であったことを導き出せます。というのも，日本が1858年に諸外国との間で領事裁判権，協定関税，最恵国待遇を含むいわゆる不平等条約（日米修好通商条約の他，英，露，仏，蘭と結んだ安政五か国条約）を締結して以降，基本的に外国人は日本域内を自由に居住することが認められていませんでした。横浜，神戸，新潟，函館，長崎といった指定された開港場に居住することが許されていたのです。開港場は日本の対外貿易のために開かれた場所で，その一区画には外国人たちが居住・営業を認められた居留地が設けられていました。横浜居留地はその一つです。こうした日本沿岸に点在した外国人居留地は，1894年に陸奥宗光による日英通商航海条約の調印よって領事裁判権の撤廃が決まり，外国人による内地雑居が可能となる1899年まで残ります。

開港場に存在した外国人居留地は，日本の行政権からは独立した地帯でした。たとえば，日本では出版条例や新聞紙条例がありましたが，居留地で生活する外国人たちは不平等条約下の領事裁判権に守られ，言論や出版の自由が認められていたのです。横浜居留地には，英語，フランス語といった各言語の外国新聞によって彼らの通商活動に密着する情報が届けられており，『トバエ』もそうした情報の一つでした（横浜市編 1968：299-300）。ただし，風刺画は文字よりも言語の相違を超えて情報を共有しやすく，風刺対象への共感を抱かせるには効果的な手段であると言えます。

『トバエ』の読者対象　　さらに，ビゴーが設定した読者層は一部日本人も含まれますが，外国人の場合，政治の中枢に近い人よりも，むしろ貿易や商業活動に携わる人たちでした。1887年当時の日本国内で活動する外国人には，東京で活動する外国公使たちや，大学や官公庁で雇われていた外国人もいます。たとえば，帝国大学（現：東京大学）に雇われていたドイツ人医師ベルツ（Erwin von Bälz），工部省や工部大学校（現：東京大学工学部）に雇われ鹿鳴館を設計した，イギリス人建築家のコンドル（Josiah Conder），政府の法律顧問として雇われていたフランス人ボアソナード（Gustave Émile Boissonade de Fontarabie）は有名です。

1887年刊行の『トバエ』が対象とした読者に横浜居留地に住む多国籍にわたる外国人が含まれていたことを導き出すには，史料のキャプションにあるフランス語を読む語学力だけではなく，19世紀末に存在した不平等条約と横浜居留地に関連する様々な情報を結びつける作業が必要となります。そして，貿易・商業都市である横浜の外国人社会空間が東京と異なっていた情報を知らない限り，A5が当時のどのような人たちに向けて発信されたのか，対象とした外国人読者層の具体的な特定も難しいのです。

4　主役は受信者

歴史学の研究では，「史料の価値は，自分が何を対象として分析しようとしているか，に即してのものである」（伊藤 2012：265），「問いがあって，ある文字表象や物体が史料ないし資料としての価値を帯びる」（福井 2019：8）と言われます。ここでは，『トバエ』の風刺画を用いた問いを立てる一例として，情報の発信者であるビゴー自身よりも情報の受信者に関する情報に比重を置くと，その利用可能性が広がることを述べます。

一次史料と二次史料　歴史学では，当事者がそのとき，その場で書いた同時代の文書や記録を一次史料と呼び，その要件を満たさないものを二次史料と呼びます。一次史料として，書翰，日記，意見書などを，二次史料として伝記，社史，回顧録，教科書，新聞など，一次史料にさらに手が加えられたものを挙げられます。両者は厳密には区別できない部分もありますが，研究者が歴史的事実を確定する際には，精度の高い一次史料を依拠すべきものとして重視します。だからと言って一次史料が万能であると考えられているわけではありません。個人の記憶には誤りがつきものですし，自分の過去について誰しも自己弁護的になるものです。史料に人の手が加わっている以上，それが一次史料であろうと研究者は史料が語る情報の価値の限界を前提とします（伊藤 2012：264）。この歴史学における史料の扱い方自体，本書第7章第2節の「心に対する記述的アプローチ」を交えて，もう少し議論できそうです。もちろん，A5を含む『トバエ』の風刺画から書かれた事実の信ぴょう性を追究することは容易ではありません。それは，この『トバエ』には不特定多数の人を相手に販売する目的がある以上，作成者ビゴーの関心は，見聞きした事実を忠実に再現しようとするよりも，むしろ，面白さや社会に与える影響に向かうと考えられるためです。

外国人社会における東京と横浜　先ほど，『トバエ』が対象とした読者は一部日本人を含みますが，外国人の場合，不平等条約の下で形成された居留地の恩恵に与りつつ貿易や商業活動に携わる人たちであることを説明しました。一方，1887年当時，東京に住む外国公使たちは本国の利益を代弁する立場にあり，井上馨外務卿と数回にわたって条約改正会議を行っていました。条約改正は明治日本が長年にわたって取り組んだ外交案件ですが，この頃，欧米側も少しずつ妥協点を見出そうとする姿勢を示し始めていたのです（山本 1943：299-304，五百旗頭 2010：223-307）。今回扱った A1–A8 や次に扱う B（図 5-3）は，井上馨による条約改正会議が進展し，会議の進行次第で内地開放を代償とする領事裁判権の撤廃，すなわち，居留地が撤廃される可能性が浮上した局面で描かれたものです。

清水勲は，条約改正に反対する居留外国人に対してビゴーが風刺画を販売し，生活の糧としていたことを指摘しています。居留地の外国人にとって，条約改正は数々の特権を失う生活への脅威でもあったため，条約改正を認めるわけにはいかなかったのです（清水 2001：17）。たとえば，A6（図 5-2）のフランス語のキャプションは「ひとり，ふたり，ご婦人たちをはかりにかけましょう」であり，鹿鳴館の舞踏会を表現したとされています（清水 2017 編：5, 306）。また，こうした鹿鳴館の風刺画は，B を記憶している方もいるでしょう。B は 1887 年 5 月 1 日刊行の『トバエ』6 号の一部で，フランス語のキャプションは「社交界に出入りする紳士淑女」です（清水 2017 編：23）。鹿鳴館の舞踏会は，条約改正を達成するための戦術として，井上馨外務卿が進めた欧化政策の一つです。紙幅の都合上掲載できませんが，トバエには他にも条約改正に関連する政策への反対意見に迎合し，居留外国人の利益を代弁した描写が多くみられるのです。

また，A5 の「魚釣り遊び」やそれ以外の風刺画の存在は，当時の横浜居留地に住む外国人の問題関心が，条約改正だけではないことを示しています。とりわけ，朝鮮をめぐる日清関係の緊張はロシアやイギリスの極東政策とも関係するため，1880年代は常に外交交渉上の案件となっていました。横浜居留地に住む外国人たちが携わる，貿易活動にも関係する問題です。

様々な問いの立て方　　不特定多数への販売目的に留意すると，今回扱った『トバエ』の風刺画は，ビゴーによって横浜居留地に住む外国人にとって受けが良い（楽しめる，売れる）と考えられた題材であることを示します。一例ではありますが，この風刺画を史料として活かす問いを立てるとすると，それは「ビゴーが時事問題をどれだけ正確に描いたのか」よりも，「ビゴーが考えた，横浜居留地に住む人たちの問題関心」でしょう。また，条約改正交渉で譲歩しつつある東京の公使団とそれを希望しない居留地の外国人の相違に留意すると，ビゴーは日本における外国人社会の内部分裂を利用して『トバエ』を販売しようとしたと推測できるかもしれません。そして，もし「魚釣り遊び」以外の風刺画が当時の何の出来事を示すのかその時代性を読み解きたい場合，横浜居留地における外国新聞や日本内地の新聞報道を追い，1887年当時の読者たちで共有されていた暗黙知なり常識を再現する必要があるのではないでしょうか。

5 「表現」と「考え」の相違

ビゴーによる表現方法にも注目しましょう。A1‒A8やBを見ると，嘲笑するような表現方法が目を引きます。代表的なものはBでしょう。洋装した男女は，鏡に猿の顔として映っています。清水勲はこのBを「珍奇――猿まね」と題し，ビゴーの油彩画や銅版画集，日清戦争時にイギリスの通信員となって描いた絵とともに，「日本人論」の一つとして扱っています（清水 2001：3-5, 46-47）。異なる種類，異なる目的の下で作成された史料の性格の相違を超えて，同一基準でもって情報を引き出す手法です。こうした扱い方の例もあり，読者の中には「ビゴーは日本人を馬鹿にしていた」，さらに「当時の外国人は日本を馬鹿に見ていた」と拡大解釈する人もいるかもしれません。

販売目的に留意する　　果たして，ビゴーは嘲笑するような表現方法を日本もしくは日本人だけに用いていたのでしょうか。A6 は洋装する男女と右側に描かれた人たちの身長差を表現する意図があったのか定かではありませんが，右側に描かれた人たちの顔が切断されています。A7「静寂と動乱」でビゴーはヨーロッパ本国の様子を様々な犬種に喩え，争う様子を描いています。A4 の中央に描かれるイギリス人や A8 の外国人たちも疲れた表情を隠せません。このような表現方法を用いて日本や諸外国（主に，ヨーロッパ本国）を描いた背景も，居留地に住む不特定多数の人への販売目的がある，『トバエ』の性格と切り離して考えることはできないでしょう。フランス人ビゴーの関心は 1887 年当時の忠実な再現ではありません。販売に結びつく絵としての面白さ，東京や本国政府とは異なる横浜居留地に住む外国人や 1 冊 80 銭の『トバエ』を購入できる限られた日本人（当時，内地で刊行されていた風刺週刊誌『団々珍聞』は 1 冊 5 銭）に対する政治的訴えなどに向かっているのです。

したがって，『トバエ』の風刺画は販売するために消費者に受け入れさせようとしたイメージであって，ビゴーが何を考えていたのか，彼が 1887 年当時の国際情勢や国内情勢をどう認識していたのかを直接的には意味しません。両者は風刺画を介して密接に関連する問題ですが，同一ではありません。風刺画から特定できる歴史的事実は，ビゴーが日本（人）やヨーロッパ（人）を嘲笑する表現を，横浜居留地の人に対して用いた点です。もし，1887年当時の日本や外国政府に対するビゴー自身の「考え」を明らかにしたい場合には，不特定多数への販売目的のもとで発信された情報を唯一の史料として扱うよりも，特定の人物に向けられた図像資料や意見書など他の文献史料とつきあわせた検討が求められるのではないでしょうか。『トバエ』とそれ以外の史料は，それぞれ異なる目的の下で作成された以上，歴史学の史料批判の手続きを踏まえると，各史料の性格に即した問いを立てることが可能になるのです。

6 「魚釣り遊び」から「漁夫の利」へ

最後に，教科書によるビゴーの風刺画の取り上げ方について考えてみましょう。先述の通り，以前の教科書はA5「魚釣り遊び」を「日清戦争」（ビゴー「トバエ」1887年2月15日号）「朝鮮と書かれた魚を釣りあげようとする日清に対し，その横取りをたくらむロシアの野心を描いた風刺画」（詳説日本史図録編集委員会2020：236）と紹介します。つまり，風刺画が作成された1887年当時に起きていない日清戦争（1894–95）を説明する教材として扱っています。これまでの説明で，なぜ，このような時間の乖離が生じるのか，疑問を抱く人もいるでしょう。ビゴー研究者の清水勲も同様の疑問を抱いています（清水2009）。その疑問に答えるには，いつ，どのような経緯で歴史教科書がビゴーの風刺画を取り上げたのか，さらに別の問いを立てる必要があります。つまり，風刺画を史料として扱う問いではなく，風刺画が掲載された教科書を史料として扱うのです。

教科書への登場　このビゴーの風刺画は，服部之総（はっとりしそう）の日本近代史研究会が関わった一般向け歴史書に紹介され，小中高の社会科教科書の挿絵として使用されるに至ったとされます。清水勲は，フランス語のキャプションには無い「漁夫の利」「猿まね」「ノルマントン号事件」といった名前も，日本近代史研究会がつけたものと推測しています（清水 2001：244-245，清水 2017 編：v-vi）。実際に，1951 年に刊行された日本近代史研究会編『画報近代百年史　第 6 集』464 頁は，A5「魚釣り遊び」を 1880 年代後半の朝鮮問題ではなく，1894 年の日清開戦を説明するページで取り上げています。しかも，「漁夫の利　朝鮮をめぐる日清の抗争を虎視たんたんと見守っているロシア。「どっちかが釣り上げたら，俺が取上げてしまおう」。ビゴー画」という解説文もあります。キャプションには無い「漁夫の利」が登場しているのです。

ここで，画報の出版年である 1951 年に注目しましょう。1950–60 年代は，帝国主義の性格論争が盛んであった時期です。戦後歴史学は平和で民主的な現代日本の建設に学問として貢献することを目指しており，そのためには，アジア太平洋戦争を引き起こした戦前の政治体制を批判的に検討することや，戦後日本の姿を強く規定したアメリカを中心とする世界体制の性格を解明することを大きな課題としていました。帝国主義論はその課題を追究するための視角を提示するものとして重視されていたのです（木畑 2013）。当時は 19 世紀末の東アジアを 20 世紀の帝国主義全盛期を用意した時代と考え，日清戦争を日露戦争の前哨戦として位置づけてその性格を議論する研究が盛んな時期でした（古結 2016：1-12)。つまり，「漁夫の利」の解説は画報がA5を掲載した当時の歴史観なのです。画報が刊行された年は，サンフランシスコ講和条約の調印によって日本が主権を回復する年に重なります。画報第1集の冒頭「発刊にのぞんで」にて，日本近代史研究会の服部之総と小西四郎は連名で「近代日本の歩みを顧ることが，今日の立場を理解し，今後の歩みを知るためにも，絶対に必要なこと」と述べています。つまり，画報を編集した服部之総らは，1887年当時のビゴーによる表現内容や横浜居留地の外国人による解釈よりも，画報を刊行した1951年の日本を取り巻く状況に強い問題関心を抱いており，その一環として「魚釣り遊び」を「漁夫の利」として取り上げたのです。

このように説明すると，『画報近代百年史』や歴史教科書が「間違った歴史を教えている」と考える方もいるかもしれません。しかし，これらは元来二次史料です。どのような経緯で『トバエ』に対する取捨選択がなされ，画報もしくは教科書がその風刺画を掲載したのか，1950年代の時代状況に即した立証が必要です。教科書の場合には日清戦争が日露戦争の前哨戦と位置づけられていた解説が今日まで残り続けた背景を探ることも興味深いでしょう。教科書に1枚として掲載されたA5「魚釣り遊び」と，それに付随する解説文の中に紛れ込む1887年とは異なる後代の情報は，複雑な歴史的実態とビゴーによる風刺画での単純化，そして風刺画を画報ないし教科書に採用した当時の歴史観という，各段階の時間軸の相違をたどることができる興味深い情報となります。歴史学は，そうしたアナクロニズム（時代錯誤）に対する感覚と能力を研ぎ澄ませることで発展を遂げてきた研究分野なのです（山口 2020）。

7　工学との対話に向けて

本章は，日本の教科書で有名なビゴーの風刺画「魚釣り遊び」を用いて，歴史学の研究作業の一つである史料批判を紹介しました。1974 年，アメリカの情報産業協会の会長ポール・ザコウスキー（Paul Zurkowski）による図書館関係者に対する情報産業界からのメッセージにこうあります。情報リテラシーがある人は「広範囲の情報ツールと一次的情報源を利用するためテクニックとスキルを学んでいるために，情報を使って自らの問題解決を可能にする」と（根本 2017：59）。A1–A8 も，1 枚が語る情報だけですべてを読み取れるわけではありません。一つの情報とその背景にある様々な情報の存在を理解することで，問いの設定の仕方とその解決方法も多様化し，その利用可能性が広がるのです。大学外でも大学卒業後もあらゆる物事に対する知識を増やす場面に遭遇しますが，単なる物知りにとどまるのではなく，知識と知識を自分で柔軟につなぎ合わせる能力を養いつつ自分の限界を超えることが求められます（石井 2015）。情報が溢れかえる現代において，様々な社会的現象を批判的に検討し，自分で問いを立てて自分の力で解決して人生を切り開いていく，そうした能力の涵養が求められる現代のリベラルアーツに，史料批判の作業を含む歴史学は親和性があるのではないでしょうか。

そして，ここまで知識や技術が直接役立つ，実学である工学を学ぶ方に向けて述べてきました。ですが，実は歴史学内でも他分野を理解した上で他流試合や協業を行う「教養」の必要性が説かれています。教養全体の中に，個別学問の一つという以上の重要な位置を占めることのできる歴史と歴史学が求められているのです（桃木 2022：268-269）。これも歴史学が柔軟で変化し続ける学問であるからこその問題提起でしょう。

歴史学は他の科学と多くの関係をもっています。本書では教養を語る際，哲学，倫理学，科学史，人類学，教育学といった各専門分野を主体とした歴史も扱っています。ですが，歴史学を主体に考えた場合，歴史学が取り扱う対象の範囲（領域）は他の人文諸科学や社会諸科学が研究対象とするものすべてを包括しています。これは逆に，自分だけの固有の領域をもっていないことを意味します。また，歴史学は解釈のために隣接諸科学を借用することもあり，研究方法も多岐にわたります。本章が紹介した事実を確定させるための史料批判の方法にとどまらず，問題設定と歴史解釈のために政治学や経済学，社会学，人文地理学，人類学の方法を用いることもあり，隣接諸科学の歴史部門を総合する総合科学の性質を帯びているのです。『トバエ』の風刺画から時代を読み解くには，多分野を横断したあらゆる知識や手法を動員させた分析が求められると言えるでしょう。そして，歴史学はその目的も多様です。医学であれば病気を治療して健康を維持する単一の効用があり，その効用イコールその学問の目的です。第8章の経済学であれば豊かな生活を実現する目的があります。しかし，歴史学は工学を含む実用に適した学問とは異なって，その効用があらかじめ一義的に確定されたものではありません。学ぶ目的も知的興味を満足させるため，過去に照らして現在の社会や文化を反省する，歴史の筋道を考えるなど，人々の好みに応じて多様です（今井 1953：10-17，遅塚 2010：15-53）。

本章が述べた史料批判のさらなる応用や，歴史学の研究が明らかにした成果を活かして現実に適用できる新しいシステムを考案するのは，皆さんの立場でしょう。一方で，教養全体に開かれた歴史学の新しい姿を開拓すること，それ自体容易ではありませんが，私自身が皆さんとの対話を重ねて学び取り，意識すべき課題としたいと思います。

参考文献

五百旗頭薫（2010）『条約改正史――法権回復への展望とナショナリズム』有斐閣

石井洋二郎（2016）「はじめに」石井洋二郎／藤垣裕子編『大人になるためのリベラルアーツ――思考演習 12 題』東京大学出版会，iii-xiii 頁

伊藤隆（2012）〔初版 1977〕「歴史研究と史料」中村隆英／伊藤隆編『近代日本研究入門　増補版』東京大学出版会，263-268 頁

今井登志喜（1953）『歴史学研究法』東京大学出版会

岡本泰（2007）「歴史教育教材としての風刺画の研究――主題を読み解く視点を中心に」『上越社会研究』22，51-60 頁

奥山研司（2020）「歴史学習における解釈学習のあり方――歴史の不可知論に陥らないために」学校教育研究会編『多様化時代の社会科授業デザイン』晃洋書房，24-33 頁

木畑洋一（2013）「総論　帝国と帝国主義」木畑洋一他編『シリーズ 21 世紀歴史学の創造 4 巻　帝国と帝国主義』有志舎，2-54 頁

古結諒子（2020）「日清戦争を再評価する――「問い」と「資料」を使った高校「歴史総合」への教材化」『世界史教育研究』7，67-72 頁

――――（2016）『日清戦争における日本外交――東アジアをめぐる国際関係の変容』名古屋大学出版会

清水勲（1978）『明治の諷刺画家・ビゴー』新潮社
――――（2001）〔初出 1981〕『ビゴーが見た日本人――諷刺画に描かれた明治』講談社
――――（2009）「「漁夫の利」は正しく理解されているか――ビゴー諷刺画雑感」『本』34・2，55-57 頁
――――編（2017）『ビゴー『トバエ』全素描集 ―諷刺画のなかの明治日本』岩波書店
詳説日本史図録編集委員会（2020）『山川　詳説日本史図録　第8版』山川出版社
杉山清彦（2022）「新しい歴史学習の潮流――「歴史を学ぶ」から「歴史で学ぶ」へ」『地歴・公民科資料 ChiReKo』帝国書院，1 学期号，29-31 頁
田中創（2020）「時間をどう把握するのか――暦と歴史叙述」東京大学教養学部歴史学部会編『歴史学の思考法――東大連続講義』岩波書店，40-56 頁
遅塚忠躬（2010）『史学概論』東京大学出版会
東京大学教養学部歴史学部会編（2006）『史料学入門』岩波書店
日本近代史研究会編（1951）『画報近代百年史　第1集・6集』国際文化情報社
根本彰（2017）『情報リテラシーのための図書館――日本の教育制度と図書館の改革』みすず書房
福井憲彦（2019）〔初出 1997〕『新版　歴史学入門』岩波書店
三谷博（2006）「序論　読者に過去が届くまで」東京大学教養学部歴史学部会編『史料学入門』岩波書店，1-11 頁
モミッリャーノ，アルナルド（2021）木庭顕編訳『モミッリャーノ歴史学を歴史学する』みすず書房
桃木至朗（2022）『市民のための歴史学――テーマ・考え方・歴史像』大阪大学出版会
山口輝臣（2020）「アナクロニズムはどこまで否定できるのか――歴史を考えるコトバ」東京大学教養学部歴史学部会編『歴史学の思考法――東大連続講義』岩波書店，190-206 頁
山本茂（1943）『条約改正史』高山書院
横浜市編（1968）『横浜市史　第4巻下』横浜市
渡辺美季（2020）「過去の痕跡をどうとらえるのか――歴史学と史料」

東京大学教養学部歴史学部会編『歴史学の思考法――東大連続講義』岩波書店，21-39頁

今回掲載した風刺画は，川崎市市民ミュージアム漫画コレクションでも閲覧可能です。

http://kawasaki.iri-project.org/content/?doi=0447544/01800000HI

A1‒A8およびBの掲載を認めて頂いた川崎市市民ミュージアムには，厚く御礼申しあげます。

第6章
自然人類学という視点
――なぜ人種差別は起こるのか？――

小田　亮

1　なぜリベラルアーツ？

リベラルアーツを学ぶことによって，何が得られるのでしょうか？　リベラルアーツとは，決して雑多な知識の集合体ではありません。もちろん様々な知識を得ることはできるし，それはそれで大事なことなのですが，リベラルアーツの意義は，そのような知識よりもむしろ視点を得ることにあります。私たちはある出来事に遭遇したとき，それを自分なりに解釈しようとします。そうしないと判断ができず，どのように反応していいのかわからないからです。そのとき，一つの視点からの解釈だけだと危険です。なぜなら出来事の全体像がつかめないからです。別の視点から眺めると，対象は全く異なる見え方をするかもしれません。

たとえば，皆さんの前に何か複雑な形をしたオブジェがあるとしてください。オブジェそのものを見ることはできませんが，それに光を当てると影ができ，その影は見ることができます。オブジェがどのような形をしているか判断するときに使える手がかりは，その影だけだとします。ある角度から光を当てると，ある形の影ができます。でも，これだけで立体的なオブジェの形について判断することはできません。そこで別の角度から光を当てると，全く違う形の影ができることでしょう。いろんな角度から多くの光を当てることによって，オブジェの形についての情報は増えていき，正確な形の判断が可能になります。教養を身につけるとは，光を当てるための様々な角度と，そこからオブジェの形を推測する方法を知っているということです。

人種と人種差別　さて，現代社会は様々な問題を抱えています。人類が今後しばらくつきあっていかなければならない問題としては，ウイルスなどのパンデミック，環境破壊による地球規模の気候変動，そして宗教・民族紛争とその帰結としての戦争といったものが考えられるでしょう。ここでは，その一つとして人種差別を取り上げます。たとえば米国では2020年にブラック・ライヴズ・マター運動というのが盛り上がりました。また，新型コロナウイルスが中国由来だからということで，アジア人が暴力を受けるということもあったようです。そもそも，なぜヨーロッパ系アメリカ人がアフリカ系あるいはアジア系アメリカ人を差別，迫害するということが起こるのでしょうか？　そこには歴史的な背景があります。北米には約1万数千年前から，シベリアからアラスカを経て渡ってきた人たちが住んでいたわけです。その先住民を押しのけてヨーロッパからの移民が造ったのが現在のアメリカ合衆国だというのは知っていることでしょう。また，17世紀以降にアフリカから多くの奴隷が労働力として連れてこられ，それが現在のアフリカ系アメリカ人の祖先であることも知っていると思います。

では，そもそもなぜ「人種」というものがあるのでしょうか？　たとえばアジア人は，アフリカ系やヨーロッパ系の人たちとは肌の色や体型がずいぶん違います。その理由を知るためには，有史，つまり文献史料が残っている歴史を超えて，さらに長い時間軸の視点で物事を見る必要があります。つまり，違う角度から光を当てる必要があるわけです。

現在地球上にいる人間が，ホモ・サピエンス（*Homo sapiens*）という学名をもつ一つの種だというのは常識として知っていると思います。つまり，人種は種（species）とは全く異なるものだということです。では，人種とは何かというと，簡単に言ってしまうとヒトの地理的な変異に対して適当につけた区分です。私たちヒトは世界中に広がっていて，極寒の北極地方から熱帯まで，多種多様な環境に暮らしています。同じ種ではあるのですが，それぞれの地域に特徴的な形態をもっているわけです。人種というと，白人，黒人，黄色人種といった呼び名が浮かぶかもしれません。それぞれ，人類学ではコーカソイド，ネグロイド，モンゴロイドと呼ばれています。もともとヒトはアフリカで起源しました。そこから世界各地に拡散していったわけですが，おおまかに，ヨーロッパを中心とした高緯度地方に広がった集団をコーカソイド，アフリカにとどまった集団をネグロイド，東アジアからアメリカ大陸，オセアニア，そして太平洋の島々に広がっていった集団をモンゴロイドと呼んでいます。ただ，これらの間に明確な線引きがあるわけではなく，あくまで便宜的にそのような分類をしているだけです。つまり，人種というのはヒトが便宜上，勝手に創ったものでしかないのです。また，当然ですが，何を基準にするかによって分け方にもいろいろあります。人種とは，何か生物学的な実体や明確な定義があるものではない，ということはよく理解しておいてください（平野 2022）。人類学者の中には，誤解の多い概念なので，人種という言葉は使わない方がいいのではないか，という人もいます。しかし，人種という言葉を使わなくすれば人種差別が無くなる，というものでもないでしょう。世間一般には「白人」とか「黒人」といった呼称が普通に使われているわけですから，包み隠さずに，それが何なのかということを正しく認識する方がよいのではないでしょうか。

2　なぜ人類は多様なのか？

現代人はホモ・サピエンスという一つの種だといいましたが，そもそもホモ・サピエンスってどういう存在なのでしょうか？　どのようにして，世界中に広がっていったのでしょうか？　さらに，時間の軸を伸ばしてみましょう。

人類の進化とホモ・サピエンス　　私たちは霊長目あるいはサル目に分類されます。つまりサルの一種なのですが，他の霊長類種との最も大きな違いは直立二足歩行，つまり背骨と脚をまっすぐにして二本足で歩いている，ということです。この直立二足歩行をする霊長類のことを「人類」と呼んでいます。現在最古の人類とされている種は，アフリカのチャドで発見されたサヘラントロプス・チャデンシス（*Sahelanthropus tchadensis*）という学名をもつ，700–600 万年前に生息していたとされる種です。次に古いのは，エチオピアで発見されたアルディピテクス・ラミダス（*Ardipithecus ramidus*）です。約400万年前に生息していたこの種は，チンパンジーのような樹上生活の特徴を留めていたものの，犬歯が小さいことや骨盤の形などはヒト的でした。

少なくとも440万年前から人類の系統は多様になっていたことがわかっています。現在，人類はホモ・サピエンス一種しかいないので，人類というと，ある一つの種が別の種に入れ替わってきたというイメージがあるかもしれません。しかし，現在の方がむしろ異常なのであって，過去には複数の直立二足歩行する種が共存していたのです。それ以降の200万年の間にアウストラロピテクス属，パラントロプス属そして初期のヒト属が時期を重複しながらアフリカに存在していました。そして約200万年前，それまでの種よりも脳が大きく，顎（あご）があまり突出していない種が現れます。これらホモ・ハビリス（*Homo habilis*）とホモ・ルドルフェンシス（*Homo rudolfensis*）はヒト属（ホモ属）に分類されています。人類はアフリカで起源し，アフリカという限られた地域に適応していた動物でした。しかし，180万–120万年前にはアフリカを出て，ユーラシア大陸のコーカサス山脈まで分布を広げていたことが明らかになっています。ヒト属はやがて東アジアに到達し，ホモ・エレクタス（*Homo erectus*）となりました。60万–20万年前に，高く丸い頭蓋と大きな脳をもつホモ・ハイデルベルゲンシス（*Homo heidelbergensis*）が現れます。さらに，30万–4万年前にはヨーロッパにホモ・ネアンデルターレンシス（*Homo neanderthalensis*），いわゆるネアンデルタール人が存在していました。一方，約20万年前にアフリカに現れた種が，やがてネアンデルタール人を駆逐していきます。これがホモ・サピエンス，つまり私たちと同じ種です（ボイド／シルク 2011）。人類は初期のヒト属の頃から何度もアフリカの外へと拡散していきましたが，たまたま現代人の直接の祖先となったのは，7–5 万年前にアフリカを出たホモ・サピエンスの集団です。サピエンスはアジアからさらにオーストラリア，ニューギニア，そしてアメリカ大陸へと拡散し，現在では南極大陸を除く全世界に分布を広げています。現代人は白人だとか黒人だとか区別をつけていがみ合っていますが，実のところ 7 万年前くらいには同じ集団だったわけですね（NHK スペシャル「人類誕生」制作班 2018）。

では，同じ集団だったホモ・サピエンスが，どのようにして地域ごとに異なる特徴をもつようになっていったのでしょうか？　一つの要因は環境への適応です。

自然淘汰による適応　　まず，私たちヒトも含めてすべての生物は進化しますが，進化とは，遺伝子に起こる偶然の変化が蓄積して，祖先がもっていないような特徴を子孫がもつようになることです。偶然の変化の積み重ねなので，進化は進歩とは限りません。ではなぜ生物はみんな，あたかも誰かが設計したように複雑で機能的にできているのでしょうか。誰かが設計しなくても，自然淘汰が働けば，複雑で機能的なものが生まれるのです。私たちだけでなく，すべての生物は遺伝子をもっており，基本的な身体の特徴は遺伝子の情報によってできています。この遺伝情報は具体的には 4 種類の塩基というものがどのようなパターンで並んでいるかによって決まるのですが，塩基の配列パターンは偶然の要因によってランダムに変化します。これを突然変異といいます。この突然変異により，様々な特徴のばらつきができるわけです。ばらつきの中には，ある環境のもとで次世代により遺伝子を残しやすいものとそうでないものがあります。そうすると，より残しやすい特徴をつくる遺伝情報の方がそうでないものよりも増えていきます。これが自然淘汰（natural selection, 自然選択とも訳されます）です。自然淘汰が働くとその結果として適応が生じます。つまり，生物の特徴はある環境のもとでより遺伝子を残しやすいようなものになっていくということです。

この自然淘汰は，当然ですがヒトの特徴にも働きます。7 万年前くらいにアフリカを出たホモ・サピエンスは，おそらく今のネグロイドに似た外見をしていたでしょう。その中の一部はヨーロッパなどの高緯度地域に広がっていきましたが，そのあたりでは日射量が少なく，紫外線が弱くなっています。メラニンが多く皮膚の色が濃いと，紫外線をブロックしてしまい十分なビタミン D が形成されません。ビタミン D が不足するとカルシウムの吸収が悪くなり，骨の病気を患いやすくなります。そこで，高緯度地域の集団は皮膚の色が薄くなっていったと考えられます。コーカソイドの典型として「金髪碧眼」などという言葉もありますが，髪の色や眼の色も，やはりメラニン色素が薄いことからきているようです。逆に，赤道に近い低緯度地域の集団はメラニンが多くないと，紫外線を吸収しすぎて皮膚ガンになりやすいという説もあります。また一部の集団は極寒のシベリアへと広がっていきましたが，そちらでは寒冷地への適応が起こりました。暑いアフリカでは熱を放散する必要があるので，身体の表面積はできるだけ大きい方がいいわけです。そこで，ネグロイドに典型的な手足が長くほっそりとした体型になります。一方，寒いところでは熱放散を防ぐ必要があるので，表面積は小さい方がいいわけですね。同じ体積だと球形がいちばん表面積が小さいので，手足が短く，ずんぐりとした体型になるわけです。また，皮下脂肪も増えていきます。日本人のほとんどはこのシベリアで寒冷地適応した集団の系統なので，ネグロイドやコーカソイドに比べると手足が短く，扁平な顔をしているのです（片山他 1996）。

ただ，集団間の違いは自然淘汰だけで起こるものではありません。ある集団と別の集団が分かれると，遺伝的な交流が無くなりますから，それぞれの集団で独自に突然変異が蓄積していきます。その変異が自然淘汰の対象になるものでなければ，そのままどんどん蓄積していくことでしょう。最終的に，集団ごとに遺伝的な特徴が異なってきます。また，遺伝的浮動といって，たまたまある集団だけがもっていた遺伝的な特徴がその集団に広がり，定着するということも起こります。

3　なぜ差別や偏見があるのか？

このように，人類は地球規模で広がり，地域ごとに特徴をもったわけですが，やがて文明が興り，様々な交通手段で人の行き来が可能になった結果，隔離されていた集団が混じり合うようになったわけです。人種には生物学的実体や明確な線引きは無いのですが，では，なぜ「白人」とか「黒人」といったレッテルが貼られ，その間の対立や差別，偏見といったものがいつまで経っても無くならないのでしょうか？　人種に限らず，民族や宗教の間についてもそうですが，どうやらヒトには自分が属する内集団と，それ以外の外集団を分ける傾向があるようです。ではなぜそのような傾向があるのかというと，そこにはヒトの本性が関係していると考えられます。

おせっかいなサル　　私たちヒトが霊長類に分類されるという話はしましたが，現生霊長類の中で私たちに最も系統的に近いのはチンパンジーです。ヒトの祖先とチンパンジーの祖先は，今から約700–600万年前に分岐し，それぞれ独自の進化の道を歩んできました。

チンパンジーどうしが協力し合わなければ問題が解決できないような状況を人為的につくってやる実験が行われました。すると，彼らは相手が手助けを要求したときのみ，相手に協力したのです。だからといって，相手が困っているということを理解できていないわけではないようです。一方，私たちヒトは困っている人を見ると，頼まれなくても手を差しのべますよね。つまりヒトは，「おせっかいなサル」とでもいえる存在なのです。こんな特徴をもっている動物は他にいません。もともとはアフリカという限られた地域に生息していたヒトが，文化を武器にして世界中の多様な環境へと広がっていき，最終的には文明を生み出すことができたのは，ヒトが非常に協力的な種だからといえるでしょう（小田 2011）。

利他行動の謎　　ではなぜ，ヒトはかくも利他的なのでしょうか。それはお互いさまだからだよ，という人もいるかもしれません。では，そう思うのはなぜなのでしょうか。利他行動とは，やり手が損をして受け手が得をする行為です。実は，動物行動の進化研究において，利他行動がなぜあるのかというのは大問題なのです。なぜなら，やり手が損をするような行動は自然淘汰において残っていかないはずだからです。

自然淘汰による進化についてはすでに説明しました。別の言い方をすると，自然淘汰とは，ある遺伝子（群）が，他のものに比べてどれだけポピュレーション内に広がっていけるか，ということです。この場合のポピュレーションとは，対象となる種全体の集団を指します。進化というと身体の特徴について起こるものだというイメージがあるかもしれませんが，動物の行動もまた，進化の対象となります。なぜなら，行動にも遺伝的な基盤があるからです。ということは，自然淘汰が働けば，動物の行動は他個体よりも次の世代に遺伝子を残しやすいものになっていくはずです。つまり，他者を押しのけて自分の適応度を上げるような行動が進化することになります。ところが，利他行動はやり手の適応度を下げて受け手の適応度を上げる行動です。なぜ，このようなものが進化したのでしょうか。

利他行動にも遺伝的な基盤はありますから，それに関わる遺伝子群を想定することは可能です。しかし，そのような遺伝子群は，個体が利他行動をすればするほど自らを減少させてしまうことになるので，素朴に考えると利他行動は自然淘汰において残っていかないはずですね。ある遺伝子がポピュレーション内で頻度を増やすには，その遺伝子をもつ個体の適応度が，平均してそれをもたない個体よりも高くなる必要があります。たとえある個体が利他行動によって適応度を下げても，それによって同じ遺伝子をもつ他個体の適応度が上がることがあれば，結果的にその遺伝子の平均適応度が高くなり，ポピュレーション内での頻度を増やすでしょう。他の形質に比べて特定の形質がポピュレーション内に広まるかどうかは，各個体が相対的にその形質をどの程度もっているのかという度合いと，各個体が相対的にどれくらい子孫を残したのか，という二つの要因が影響します。また，子孫にその形質がどの程度受け継がれるのかということも影響するでしょう。それを定式化したのが，ジョージ・プライス（G. Price）によって提案されたプライス方程式と呼ばれるものです（ハーマン 2011）。

正の同類性　さて，ここで知りたいのは利他的な形質の進化ですが，利他行動というものは，やり手の適応度を下げて受け手の適応度を上げるので，他個体とどう相互作用するのかということが問題になります。社会的な種は，ほとんどの場合集団構造をもっています。ここでは単純化し，ポピュレーションがいくつかのグループに分かれていると考えます。そのような場合，利他行動の効果はグループ内効果とグループ間効果に分けられることをプライスは示しました。つまり，「利他性に関わる遺伝子の，ポピュレーション内での平均適応度」は，「利他的な遺伝子をもつ個体が増加することが，その集団全体の適応度に与える影響」に「グループ間のばらつき」を掛けたものと，「利他的な遺伝子をもつことが，個体の適応度に与える影響」に「グループ内のばらつき」を掛けたものに分けることができるということです。「利他的な遺伝子をもつことが，個体の適応度に与える影響」はマイナスなので，「グループ内のばらつき」が小さく，「グループ間のばらつき」が大きいほど利他行動は進化しやすいということになります。要するに，利他性に関わる遺伝子をもっている人たちどうしで固まってグループをつくることができれば，利他行動は進化するだろう，ということです。これを「正の同類性」といいます（竹澤 2019）。

つまり，もし利他的な個体と非利他的な個体がランダムに混じり合っていれば，当然ですが非利他的な個体の方が一方的に得をするので，そちらの方が適応度を上げることができます。しかしながら，利他的な個体どうしで集まることができ，非利他的な個体を排除できれば，利他行動に関わる遺伝子の平均適応度を高くすることができるということです。このような考えを「複数レベル淘汰（multi-level selection）」といいます。つまり，同類性のある集団が隔離されていて，集団間の差異が大きくなっている必要があるのです。これを満たす条件の一つが血縁です。きょうだいやいとこといった血縁関係にある個体の集団は，他の集団に比べて同じ祖先からきた遺伝子を共有している確率が高くなります。つまり同類性が高いわけです。血縁どうしが集まってランダム以上に関わり合うことがあれば，利他行動は進化します。これを血縁淘汰といいます。皆さんも親子やきょうだいなどの血縁どうしで助け合うでしょうし，それが当たり前のことだと思っていることでしょう。

偏狭な利他性　実は，このような条件が成り立つのは必ずしも血縁どうしとは限りません。もし利他行動に関連した遺伝子群をもつ個体どうしが集団をつくり，その中だけで相互作用を行えば，そうでない集団よりも全体的に適応度が高くなるはずです。実際ヒトにおいては，明らかに血縁の無い個体間で利他行動がみられることがあります。このような利他行動は血縁淘汰では説明できません。そこで複数レベル淘汰の考えから生まれてきたのが「偏狭な利他性（parochial altruism)」という考え方です。正の同類性が保証されるためには，グループ内のばらつきが小さくなる一方で，グループ集団間のばらつきは大きくなる必要があります。つまり，自分の属するグループの成員に対しては利他的にふるまい，他のグループとは関わり合わないことによってヒトの利他性は進化してきたのではないかということなのです。どのようなグループが形成され，その中でどのように社会的交換などの相互作用が行われるのか，ということが利他性の進化にとって重要な要因となるわけです。

利他性の高い私たちヒトには，正の同類性を保証するための心のしくみが適応によって備わっていると考えられています。たとえば，私たちは他者の表情や身ぶりを見ただけで，その人がどれくらい利他的なのかということをある程度正確に判断できるという実験結果があります。どうやら目の周囲の筋肉の動きによって判断しているようなのですが，これは，正の同類性を保つための適応ではないかと考えられます(小田 2011)。

偏狭な利他性を提唱したボウルズ（S. Bowles）とギンタス（H. Gintis）は，ヒトにおいて高い利他性がみられるのは，集団間葛藤つまり戦争が理由ではないかと主張しています(ボウルズ／ギンタス 2017)。集団内に偏狭な個体が多くなると，他の集団との対立が強まり，最終的に戦争に至ります。戦争になると，偏狭な利他主義者が多い集団ほど戦争に勝つ確率が高くなります。一方で，人間社会には狩猟採集社会における食物分配のような資源再分配制度が広くみられ，一夫一妻制といった婚姻制度によって優位なオスによる繁殖機会の独占が防がれています。こうした様々な制度によって集団内での適応度が平均化されることで，利他的な個体の適応度上の損失は小さくなります。さらに，ヒトがもつ価値観や規範の社会的学習能力も，このような制度を強化するでしょう。つまり，自己犠牲や献身といったしばしば美徳とされるものの裏には，異なる集団への偏見や差別，そして戦争のような負の側面があるということになります。もしかしたら，ヒトが高度な利他性を維持している限り，人種差別や偏見，ヘイトといったものは避けられないのかもしれません。

4　行動免疫による外集団の排除

もう一つ，外集団への差別や偏見を生み出していると考えられるヒトの本性があります。それが行動免疫です。ヒトにとって感染症は主要な淘汰圧の一つなので，私たちには対抗策としての免疫システムが備わっていることは知っていると思います。たとえば自然免疫の一つとして，ヒトの身体では侵入してきた病原体に対してマクロファージやリンパ球などが捕食・破壊を行うようになっています。これによってヒトは多種多様な感染症から守られているのです。実はこのような生理的な反応だけではなく，私たちの行動もまた免疫としての機能をもっているという説があります。

行動免疫理論　ヒトの社会行動が病原体への対応によって影響されている，という考え方を行動免疫理論といいます。私たちは感染源や病原体の手がかりを検出すると，それに対する嫌悪感情が誘発されます。その感情によって，対象からの回避行動をとるようになります。具体的には感染源となる人への差別や偏見です。行動免疫の原則となっているものは二つあって，一つは「煙感知器原則」です。私たちの間違いには二つ種類があり，一つは，本当は無いものをある，と思ってしまうこと，もう一つは，本当はあるものを無い，と思ってしまうことです。統計学では，前者を第一種過誤，後者を第二種過誤といいます。エラー・マネジメント理論というものがありますが，これは，進化の結果として二つの間違いのうちより適応的な方に認知バイアスがかかるだろう，という理論です。つまり，第一種過誤の場合は，本当は感染していないのに感染していると思ってしまう，ということですが，そうすると不必要な，過剰な回避行動をとってしまうことになります。一方，第二種過誤だと本当は感染しているのに感染していない，と思ってしまうので，感染症リスクが増大します。

二つめの原則が，機能的柔軟性原則です。これはつまり，感染源に接近するか回避するかは，文脈次第で柔軟に変化するだろう，ということです。過剰な回避行動と接近によるリスク増大がもたらすコストとのバランスによって，接近するか回避するかが決まります（岩佐 2019）。

感染脆弱意識と差別　個人がどの程度感染対象への回避行動をとるかということは，その人が自分自身の感染脆弱性をどう自覚しているかによりますが，これを測定するのが「感染脆弱意識尺度」です。これは感染症に対する脆弱性を，風邪やインフルエンザなどへの感染しやすさの自覚に関する「易感染性（perceived infectability）」と，不衛生な物品に触るなど，病原体が付着しやすい状況における不快感の自覚に関する「感染嫌悪（germ aversion）」の二側面から測定するものです。いくつかの国において翻訳され研究に使用されており，日本語版も作成されています（福川他 2014）。この感染脆弱意識尺度を用いて，行動免疫理論を実証しようとした研究がいくつかあります。代表的なものを紹介すると，米国人を対象としたある研究では，民族中心主義がどれくらい強いかという尺度の得点と，先の感染脆弱意識尺度の得点との間に正の相関がありました。つまり，自分は感染症にかかりやすいと思っている人ほど，自分の属する民族を他よりも上だと思っている，ということです。また，過去に感染症が蔓延した地域ほど，そこの住人の個人主義傾向が低く，集団主義傾向が強い，さらに政治的には伝統主義的だということもいわれています。こうした内向きの社会性を「近縁的社会性」といいますが，こういった近縁的社会性は，外集団との接触によって生じる新奇な感染源への曝露を予防する機能があるのではないかと考えられています。実際，ヨーロッパ人がアメリカ大陸に侵入してきたとき，それまでアメリカには無かった天然痘がもち込まれたおかげで先住民の多くが亡くなったということがありました。自分たちとは異なる特徴をもった人たちにレッテルを貼り，貶めようとする背景には，このような行動免疫があるのかもしれません。

5　工学とリベラルアーツ

さて，この章では自然人類学と進化生物学の視点から人種差別について考えましたが，新しい視点は得られたでしょうか？　今回取り上げた人種差別やその背後にある利他性，行動免疫との関係は，実は工学とも大きく関わってきます。

新型コロナウイルスがあっという間に世界中に広がったこと，またウクライナでの戦争が世界の食糧やエネルギーの供給に大きな影響を与えたことなどからもわかるように，今や世界は密接に繋がっており，各国は互いに依存しあっています。とくに，食糧やエネルギーの自給率が極端に低い日本においてはこの繋がりは重要です。何かモノをつくるにしても，材料や部品が海外から来たり，つくったモノを海外に輸出したりしています。また，「元気があれば何でもできる」と言ったのはアントニオ猪木ですが，「電気がなければ何もできない」のが工学です。地理的な分布が偏っている化石エネルギーをどう調達するのか，またその副産物である温暖化ガスなどをどうするのか，といったことも避けて通れません。

2001 年に起こった同時多発テロを受け，米国がアフガニスタンに侵攻したことは知っていると思います。このアメリカ史上最長の戦争は，2021 年に米軍が敗走し，タリバンが復活することで終わりました。統治に失敗した理由の一つは，米国がアフガニスタンの複雑な社会や文化を理解しようとせず，自分たちのやり方を一方的に押しつけたことだと考えられます（ウィットロック 2022）。戦争は極端な例ですが，たとえば企業が外国に生産拠点を移したり，合弁事業を行ったりする際にも同じことがいえるのではないでしょうか。

アフリカを出てからそれぞれの地域に適応し，独自の文化や社会を築いて生活してきた人間集団は，産業革命以降急速に関わり合いをもつようになってきました。そして現在は地球規模で物事を考えなければならなくなったわけですが，あまりに急速に環境が変化したので，私たちの認知能力や行動は，文明以前の狩猟採集生活における環境に適応したままだと考えられます（小田 2004）。世界のそれぞれの地域の人たちがどのような来歴をもっているのか，そしてどのように付き合い，協力しあっていけばいいのかということは，現代人にとってはおそらくかなり意識的に学び，考えないといけないことなのでしょう。ヒトが地球規模で互いに依存しあっている今こそ，人類史という大きな視点から現状をとらえてみることが必要なのだと思います。

参考文献

岩佐和典（2019）「行動免疫からみた特定集団への否定的態度」『エモーション・スタディーズ』4巻 Special Issue 号，47-53頁
ウィットロック，クレイグ（2022）河野純治訳『アフガニスタン・ペーパーズ』岩波書店
NHKスペシャル「人類誕生」制作班（2018）『NHKスペシャル　人類誕生　大逆転！奇跡の人類史』NHK出版
小田亮（2004）『ヒトは環境を壊す動物である』ちくま新書
――――（2011）『利他学』新潮社
片山一道／五百部裕／中橋孝博／斎藤成也／土肥直美（1996）『人類史をたどる――自然人類学入門』朝倉書店
竹澤正哲（2019）「集団間葛藤と利他性の進化」『生物科学』70巻3号，178-185頁
ハーマン，オレン（2011）垂水雄二訳『親切な進化生物学者――ジョージ・プライスと利他行動の対価』みすず書房
平野千果子（2022）『人種主義の歴史』岩波新書
福川康之／小田亮／宇佐美尋子／川人潤子（2014）「感染脆弱意識（PVD）尺度日本語版の作成」『心理学研究』85巻2号，188-195頁
ボイド，ロバート／シルク，ジョアン（2011）松本晶子／小田亮監訳『ヒトはどのように進化してきたか』ミネルヴァ書房
ボウルズ，サミュエル／ギンタス，ハーバート（2017）竹澤正哲／高橋伸幸／大槻久／稲葉美里／波多野礼佳訳『協力する種――制度と心の共進化』NTT出版

第7章
心　の　理
——その視点と広がり——

田中 優子

1　心理学とはどのような学問か

心理学はpsychologyの訳語です。精神や魂を意味する「psyche-」と学問を意味する「-logy」から成る英語で，その語源はラテン語のpsychologiaに遡ります。psychologyという学問が日本にもち込まれたのは明治の初めだと考えられています。当時，哲学や科学に関する西洋の概念に日本語の訳語を考案した西周（にしあまね）は，当初psychologyに「性理学」という訳語を，神学者であるヘブンの著書*Mental Philosophy*に「心理学」という訳語を当てていましたが，「性理学」という訳語は他の学者に浸透しませんでした（佐藤 1997）。現在当たり前のように目にする心理学という言葉ですが，psychologyの訳語として定着したのは1887年頃といわれています（太田 1997）。このような当時の訳語の揺らぎをみると，西洋で生まれた概念を日本語で理解できるようにと試行錯誤した先人たちの苦労が垣間見えます。

心 の 理　心理学という訳語には「理」という字が入っています。江戸時代では「理」は朱子学を意味するものでしたが，明治になると，今日の科学的意味合い（物事の筋道，不変の法則）での「理学」へと移り変わっていきました（金子 2010）。海外では，19 世紀中頃までは哲学の一分野として扱われていた psychology に対し，近代自然科学の体系化の流れの中で，心もこうした科学的な方法論を用いて研究しようとする動きが起こりました。その中で，ドイツの物理学者グスタフ・フェヒナー（Gustav T. Fechner）は，物理的な重さの違いについて人間がどの程度から知覚できるのかという（今日ではちょうど可知差異と呼ばれる）現象を実験的に検証しました。そして，物理的な重さと人の主観的な判断の関係について数理モデルを用いて説明し，1860 年に「精神物理学原論」という論文にまとめています。この精神物理学は，1879 年に大学の正式なカリキュラムとして初めて「心理学演習」を設けたヴィルヘルム・ヴント（Wilhelm M. Wundt）に影響を与えています。ヴントは現在では実験心理学の創始者とみなされている人で，心の働きを客観的な方法で解明するための実験室を設立したことで有名です（大芦 2016）。

人の心を対象とする学問分野は，哲学や文学，芸術学，宗教学など様々ありますが，心理学はとくに，その「理」，すなわち心の法則性や仕組みに焦点を当てながら，科学的な方法論を用いて解明していくところにその特徴があると言えるでしょう。

心理学の領域　人間が社会の中で営む活動内容が多岐にわたるように，そこでみられる心の働きも多様です。したがって，対象となる心理現象や研究手法によって，心理学はいくつかの下位領域に分かれています。表7-1は，心理学の主要領域とその研究内容をまとめたものです。たとえば，認知心理学は，心の働きのうち，認知的な側面に焦点を当てる領域です。また，発達心理学は，新生児期から老年期に至るまでの心の発達的変化に焦点を当てた領域，臨床心理学は適応障害など心の問題とその支援方法に焦点を当てた領域であるなど，心のどのような特徴に焦点を当てるかによって専門領域が異なります。

同時に，主要領域はそれぞれ関連しているという特徴もあります。たとえば，認知心理学の研究対象に含まれる記憶や学習は，人間だけでなくラットやチンパンジーなども行う，動物に共通してみられる現象で，それを中心的に研究する領域として学習心理学があります。また，学習という現象を理解するためには，何が人間に特有の特徴で，何がそうでないのかを知る必要があるため，そのように生物間での相違や類似性に焦点を当てた領域は比較心理学になります。また，教育心理学は，教育を効果的に行うための方法を見つけ出すという応用目的をもった領域ですが，認知心理学や学習心理学で明らかになった記憶や学習，思考の特徴をもとに効果的な教授法の検討が行われることもあります。

興味のある人は，日本心理学会のホームページに掲載されている「日本心理学諸学会サイト（psych.or.jp/relation/link_japan/）」を訪れてみてください。そこには，各主要領域の中でさらに焦点を絞って研究している学会や複数の主要領域に関わる学会が名を連ねています。皆さんからすると一見全く

表 7-1　心理学の主要領域（三浦 2018 を改変）

領　域	内　　容
認知心理学	人間の心の働き，たとえば知覚や記憶，理解と学習，問題解決などについて，主に実験を通して解明しようとする分野
学習心理学	人間を含む動物における，経験によって生じる比較的永続的な行動の変化の過程を研究する分野
生理心理学	脳波，脳画像，脈波などを測定する生理学的な方法を用いて，人間の生理学的な活動を心理学的な現象との関連を解明しようとする分野
比較心理学	ラットやチンパンジーから人間に至るまでの種々の生物の行動を，その相違と類似，または近縁性の観点から比較研究する分野
教育心理学	教育過程の諸現象を心理学的に解明し，教育を効果的に行うための方法を見つけ出すことを目的とする分野
発達心理学	人間の生涯を通じた心身の成長や発達過程を，心理学の理論を背景として研究する分野
臨床心理学	心理的な問題の解決や適応のため，助言・相談や診断・治療，およびその研究を行う分野
人格心理学	人格（性格、パーソナリティ）の構造・機能・特性・評価などに関する研究を行う分野
社会心理学	社会的環境のなかで，個人や集団がどのような条件のもとで，どのような行動を示すかについて研究する分野
産業心理学	産業活動に従事する人間の心理を対象とし，組織や人事，適正や作業能率，市場調査，広告などを研究する分野

心理学とは関係なさそうに見えるものも含まれているかもしれません。心理学といっても，多様な研究者が様々な切り口で心の働きについて研究をしていることがみてとれます。

心理学と通俗心理学　「自分のことは自分がいちばんわかっている」と言われることがあります。自分自身が心のある人間ですし，生まれてからずっと他の人間とも常に関わって生きてきたのですから，あらためて学問として研究したり，それを学ぶ必要は本当にあるのでしょうか？　年齢や経験を重ねていけばおのずと心に関する知識は増えていくと考えてもよいのでしょうか？

2011年に日本心理学会が行った調査があります（楠見 2018）。この調査は，市民の心理学に関する知識や理解の現状を把握することを目的として，国勢調査に基づく人口統計と年代・性別・地域の比率が同じになるように回答者数を設定して，20–60代の合計二千人を超える人々を対象に実施したものです。調査では，心理学全般に関わる56の言説を用意し，それぞれの正しさを回答してもらいます。56項目の中には，科学的エビデンスに基づく知識とともに一般に流布している間違った情報や神話が含まれています。

調査結果を分析してみると，日常生活における経験や直感と科学的知識が合致するもの（例1：話している言葉や音声の聞こえ方は母語の影響を受ける）は比較的正答率が高い傾向にありましたが，日常生活における経験からは獲得できない知識（例2：私たちの脳は全体の10–20％程度しか使われていない）や通俗心理学的な知識（例3：右脳と左脳のどちらが優位かで右脳型と左脳型に分けられる），また学問的な心理学を学ばなければ直観と反したり，知ることができない知識（例4：ネガティブな気分のときはポジティブな気分のときよりも，分析的で正確な思考ができる）は正答率が低い傾向にありました[1)]。また，正答率は年齢とは相関しておらず，日常生活や人生経験を重ねることで自然と獲得されるわけではないことがわかります。

通俗心理学（popular psychology）とは，ちまたにあふれ

1）　例1は「正しい」が正答（正答率66％），例2は「正しくない」が正答（正答率10％），例3は「正しくない」が正答（正答率13％），例4は「正しい」が正答（正答率17％）

ている人間の行動や心の性質に関する科学的エビデンスをもたない間違った考え方，都市伝説，迷信じみた俗説のことです。私たちは小さい頃から，身近な人々との会話やメディアを介して，数多くの通俗心理学的な情報を「学習」しています。たとえば，上記の「脳は全体の10–20％程度しか使われていない」は，マンガや映画の中でしばしば登場する通俗心理学の一例です。マンガや映画はフィクションですから架空のこととして読んでいるつもりでも，そこで出てきた情報をすべて架空のものとしてタグづけしながら記憶することは，私たちの記憶の性質からすると，なかなか難しいことです。また，テレビ番組や雑誌記事には，統計や実験に基づいているとは思えない心理テストや心理ゲーム的なものがよく取り上げられています。

リベラルアーツとしての心理学　　心理学は高校までにはない授業科目ですので，学生にとっては大学に入学してから初めて学ぶ科目になります。初めて学ぶというとゼロから学ぶような印象がありますが，実際はゼロからではありません。多くの通俗心理学を正しい知識だと「学習」している状態からのスタートです。通常，人は自分が正しいと思っていることを否定されると心理的リアクタンスと呼ばれる抵抗感を抱くものなので（そしてかえって誤った考え方に固執することがあるため），このあたりは心理学を学ぶ大学生に時間をかけて丁寧に説明しながら，通俗心理学的な知識とエビデンスに基づく学術的な心理学の知識を区別できるように，そして，その区別がなぜ重要であるかを理解できるようにうながす必要があります。

このような通俗心理学の影響の強さからも，リベラルアーツとして心理学を学ぶ意義を見出すことができそうです。通俗心理学的な知識は娯楽としての価値はあるかと思います。娯楽を娯楽として認識できていればよいですが，それを「正しい知識」として，そうでない場面（例．面接や人事評価）での人間の予測に適用すると，社会的に悪影響をもたらすことがあります。そのような悪影響に対応するには，まずは，身近にあふれている通俗心理学的な知識とエビデンスに基づく心理学的知識の違いを知り，自己や他者をできるだけ正確に理解するための知識を獲得することが重要です。社会に出る前の最後の教育段階である高等教育機関において，どの専門分野の人も選択することができるリベラルアーツ科目の中に心理学が含まれることが多いのは，このような理由もあると思われます。

2　心に対する記述的アプローチ

期待と予測　私たちは，自分に対しても他者に対しても多くの期待を抱いています。期待の中には，「こうであってほしい」「こうなると嬉しい」などの価値が含まれています。期待をもつこと自体は，人々が互いに信頼を築いたり，日々のモチベーションにつなげるために必要なことです。しかし，「こうであってほしい」から「こうだろう」は直接的には導かれません。前者は期待であり，後者は予測です。期待は，科学的な根拠がなくても，事実と矛盾していても抱いてよいものです。逆境の中で，厳しい現実にもかかわらず人々が諦めずに力を発揮するには，このような期待が重要な役割を果たしていると考えられます。一方，予測は根拠を必要とするものです。そして，できるだけ正確に予測するためには科学的検証を繰り返し，その予測モデルの精度をあげていく必要があります。ところが，私たちは，人間に対してしばしば期待と予測を混同し，「こうであってほしい」から「こうだろう」を導いてしまいます。

人間を対象とする心理学，とくに，実験的手法を用いて心の性質を解明する心理学領域では，この点に注意して，記述的（descriptive）アプローチと呼ばれる方法をとります。記述的アプローチとは，人への期待がどうであれ，実際に人がどのような条件下でどのような反応を示すのかを明らかにする研究手法です。たとえば，予測したい心理現象（例：目撃証言の精度）があった場合，どのような説明変数（例：目撃者への質問の仕方，経過時間）がその現象にどのような影響を与えるのか仮説を立て，実験や統計的分析手法を用いて検証します。そして，このような実験を数多く積み重ねながら，より精度の高い予測モデルを構築していきます。

実験の結果，記述的に示される心の性質が人々の期待からずれることもあります。一例をあげると，心理学研究が今ほど普及していない時代，目撃証言が裁判での重要な証拠として利用されている時代がありました。そこでは「目撃者の記憶は正しいものでないと困る，正しいものであってほしい」という期待と予測が区別されていませんでした。しかし，エリザベス・ロフタス（Elizabeth Loftus）を中心とした記憶研究者による実験研究の蓄積により，実際の人間の記憶は些細な刺激によって書き換えられてしまうことがあると明らかになってきました。ロフタスは，記憶は「ウィキペディアのようなものだ」と言います（Loftus 2013）。記憶したことが消えることもあれば，他者によって実際に起こっていないことが起こったかのように書き換えられてしまうこともあるという性質を例えたものです。

自分の記憶が知らぬ間に他者によって書き換えられるなんて，自分の記憶に自信をもってきた人にとっては期待を裏切られるようで，聞き心地のよい話ではないかもしれません。このような期待と記述的特徴に基づく予測がずれたときこそ，なぜその学問が必要であるのかが示されるようにも思います。たとえば，自然現象の一つに地震があります。地震は私たちの生命や生活に甚大な影響を及ぼすため，できれば地震は起こってほしくないと多くの人は願います。しかし，そこから地震は起こらないという予測を導いたり，地震発生確率が高まっているという観測データから目を背けたりすることはありません（少なくとも研究者は）。なぜなら，観測データから目を背けずに現象をできるだけ正確に理解することが，将来起こりうるリスクを軽減させる本質的な方法だからです。心理現象においても同じで，心の性質について，その脆弱性も含めてできるだけ正確に理解することが，将来起こりうるリスクへの備えにつながります。望ましい未来を現実のものとするには，記述的アプローチによって現象を解明し，それらの間にどの程度ギャップがあるか，そのギャップはどのようなメカニズムによって生まれ，どうすれば小さくできるのかを地道に検討していくことが重要であると思います。

記述的特徴と価値　大学生に心理学を教えていると，記述的に示される心の性質から即座に価値判断を導く反応をしばしば目にします。たとえば，授業で対人認知について説明しているとしましょう。人間には，ある社会的カテゴリー（例：年齢・性別・学歴のような属性）の成員に対する特徴を単純化した形（ステレオタイプ）にあてはめて認知しようとする傾向があります。ステレオタイプというのは対人認知の傾向の記述的特徴ですが，この話をすると，即座に「悲しい」「怖い」「悪いこと」などのネガティブな価値判断を含む反応が複数の学生から返ってくることがあります。これはステレオタイプという心理現象そのものと，それがもたらしうる潜在的影響（例：差別や偏見）に対する価値判断が頭の中で自動的に紐づけされていて，それぞれを区別して考える練習が不足しているときに起こりやすい反応です。しかし，記述的特徴とそれに対する価値判断を一対一対で自動的に紐づけした考え方をしていると，人間の理解を妨げるおそれがあります。

私たちが他者に対して注意を払ったり，熟慮したりといったことに使える認知資源には限りがあります。日々直接出会う他者に加えて，インターネット経由で得られる対人情報も含めると，私たちは膨大な量の対人情報を限られた認知資源によって迅速に処理しなければならないという制約があるのです。社会的カテゴリーを手がかりとしてまずはステレオタイプ的なざっくりとした対人認知を行うことであたりをつけるという対人方略は必ずしも悪いものではありません。むしろ，限りある認知資源を効率よく使用して膨大な対人情報を処理するという意味では利点がありますし，日常生活に適応するために私たちはこの利点を完全に手放すことはおそらくできません。このように考えると，ステレオタイプという記述的特徴に対する価値は，必ずしもネガティブなものと決めつけるわけにはいかないことがわかります。

一方で，そのような利点があるから，それが心の性質であるからそのままでよいかというと，そうとも限りません。人の心の性質の中には，種としての進化の過程でみれば適応的な面もありますが，それは現代を生きる私たち一人一人にとって適応的であることを意味するわけではありません。また，ある文脈において適応的である心の性質が，別の文脈においてはそうでないこともあります。したがって，ある心の性質に対し特定の条件で利点（またはリスク）を見出すことができたとしても，その性質自体に「良い（または悪い)」といった価値が内包されているのではなく，性質と条件との関係性に価値を見出すことができると考えた方がよいでしょう。このように，心の性質に関する記述的特徴は価値と単純な一対一の対応関係にあるわけではないと認識し，ある記述的特徴はどのような条件において利点があり，どのような条件においてリスクとなりうるのかを明らかにし，利点を維持しつつリスクを緩和する方法を検討することが重要であると思います。

期待と予測を区別するように，価値と記述を区別することで，問題の所在を多面的かつ明確に理解することが可能になります。具体例をあげると，対人関係で生じる問題にステレオタイプのような対人認知の特徴が関わっており，それによって理不尽な扱いを受ける人々がいるとします。そこで，「ステレオタイプはするべきではない，やめよう」と呼びかけても，認知的制約がある限り，それを完全に実行するのは現実的ではありません。しかし，問題がステレオタイプという性質そのものではなく，その性質が適用される条件であると考えると改善の可能性が見えてきます。ステレオタイプのようにざっくりとした対人認知をしているにもかかわらず，自分は正確な対人認知をしているという認識をしているのであれば，その誤ったメタ認知を修正することで，対人関係に気をつける可能性が高まってくるでしょう。また，ステレオタイプを完全に放棄することはできなくても，公共性や社会的影響力の強い正確性の求められる場面（例：人事評価や面接）では，認知資源を十分費やすことでステレオタイプ的判断を抑制し，個別情報を重視した対人認知を行うなどの工夫をすることは可能です。

介入と価値　このような具体的な対策は介入と呼ばれます。ここで忘れてはならないことは，介入の意義は何らかの価値に依拠しているということです。その意義は記述的特徴から直接的に導かれるものではありません。具体例として，フレーミング効果と呼ばれる特徴を用いて考えてみましょう。フレーミング効果とは，問題の提示の枠組みが考えや選考に不合理な影響を及ぼす現象のことです（カーネマン 2014）。このフレーミング効果の影響について，臓器提供者になる意思決定を検証した実験があります（Johnson & Goldstein 2004）。

実験では，臓器提供者になるかどうかの判断を異なる方法で尋ねました。一つめは「臓器提供者になりますか？」という問いに「はい」にチェックをする方法，二つめは「臓器提供者であることを辞退しますか？」という問いに「はい」にチェックする方法です。いずれも臓器提供者になる意思を聞いているにもかかわらず，聞き方によって臓器提供者になる「意思を示した」割合は大きく異なっていました。一つめの聞き方では臓器提供者になる「意思を示した」のは4割程度であったのに対し，二つめの聞き方では8割近くが臓器提供者になる「意思を示しました」。なぜこのような差が生じるのでしょうか？　この二つの質問は同じ意思決定を聞いているようでも，そのデフォルト設定に違いがあります。一つめの聞き方のデフォルトは「臓器提供者でない状態」で，そこから提供者になるという意思を（オプトイン），二つめの聞き方のデフォルトは「臓器提供者である状態」でそこから離脱するという意思を聞いています（オプトアウト）。このように見ると，いずれの聞き方もデフォルトから移動しなかった回答が過半数を超えていることがわかります。この結果は，質問のデフォルト設定を操作することで，人の意思決定が影響を受けることを示しています。

価値への介入の倫理性　忘れてはならないのは，この実験研究が示すものは意思決定という心理現象に対する記述的特徴だということです。この記述的特徴からは，臓器提供の意思確認方法は「オプトアウトを採用すべき」だとか「採用すべきでない」という介入方法に対する価値判断は直接的には導かれません。その介入方法を採用する前に，「「臓器提供者を増やすべき」という価値観がどの程度広く共有されうるものなのか」，また，「認知バイアスを利用した質問方法は意思の確認として適切なのか」という問いなども慎重に検討する必要があります。

フレーミング効果に限らず，これまでの心理学研究により，私たちは些細な刺激や条件設定の違いによって記憶や意思決定が変化することが示されてきました。多くの科学技術に悪用されるリスクがあるように，心に関するこのような知見もまた悪用されるリスクがあります。悪意がない場合でも，暗黙とされている価値や心の特徴に無自覚であるがゆえに，一部の人の価値観にあうように大勢の人の心が誘導されるというリスクもあります。このような意味でも，記述的特徴と価値を明確に区別することが重要です。記述的特徴は科学的実験によってより精度の高い解に収束させていくことが可能ですが，価値については諸条件によって複数のものが同時に正しいということが起こりえます。とくに，記述的特徴を多様な価値観を前提とした社会に応用する際は，その使われ方の倫理的側面についても考えていくことが欠かせません。人の記憶や判断などに影響を及ぼす介入が行われる際，それがどのような記述的特徴に基づきどのような価値に依拠しているのを理解することは，私たち市民一人一人に求められる視点ではないでしょうか。

3　心理学の広がり

ここまで，心理学という学問の特徴についてみてきました。ここからは，心理学的な視点の広がりについて考えてみたいと思います。私たちが社会の中で抱える課題の多くには人間が関わっています。心の仕組みを明らかにする心理学は，学術的に蓄積した知見を実社会に応用したり，複雑な社会的課題解決に向けて他の学問分野と学際連携したりする可能性に開かれた分野の一つでもあります。

実社会への広がりとして，心理学研究で蓄積された知見が警察官の教育に応用されている事例があります。2012 年に警察庁は，取調べに従事する警察官を対象とした研修や訓練で用いる教本を出しました（警察庁刑事局刑事課 2012）。この教本は，「真実の供述を得るための効果的な質問や説得の方法，虚偽供述が生まれるメカニズムとこれを防止する方策等をはじめとする心理学的な手法等を取り入れて取調べ技術の体系化を図り，（略）人間の心理の理解に基づいた一定レベル以上の取調べ技術を習得していくこと」を目的としたものです。教本では，研究によって明らかにされてきた人間の記憶メカニズムをもとに，取調べ相手が情報をうまく思い出せないときにどのような「失敗」が原因となっているか，どのような質問の仕方によって記憶の中にある情報が歪められたり，書き換えられたりしてしまうおそれがあるのか，記憶が正確であっても取調べ相手が虚偽供述や虚偽自白をする心理学的な原因などが説明されています。そして，それらの説明をふまえた上で，虚偽の供述を防ぎつつ，取調べ相手から正確な情報を可能な限り多く入手するための取調べの基本的な方法を紹介するという構成になっています。

学際的な広がりとしては，心理学は，医学，教育学，経済学，工学，生物学，哲学，法学など，様々な学問分野と関心を共有しています。たとえば，心理学と医学は，記憶や思考などの認知的活動がどのような神経科学的基盤をもつのか解明したり，うつ病のような精神疾患に対して薬物による治療に加えて心理療法を行ったりするなどの結びつきがあります。法学とは，上述のような取り調べのあり方や裁判での目撃証言の扱い方などを再検討するなどの学際連携が行われています。

学際研究のおもしろさは，異なる学問分野の知識やアプローチをもち寄り，それらを共有したり融合させたりすることによって単一の学問では達成が難しい上位の目標に近づいていくところにあると思います。複数の学問分野の研究者が集まったとき，最初はそれぞれの分野の用語を使って話し始めるのですが，話を次第に深めていくと，異なる専門用語の背後に関心を共有する現象があることに気づいたり，その現象が互いの分野ではどのように研究されているのかを紐づけすることによって，参照できる研究の幅が飛躍的に広がったりすることがあります。すでに多くの知識や方法論を共有している同じ分野の研究者との共同研究と比べると，最初はコミュニケーションに少々時間がかかります。しかし，これは自分の専門分野の内側や他分野の表層的な用語だけをみているときには得難い視野の広がりです。また，学問分野ごとに得意なアプローチがあるので，上位目標の達成に向けてそれらを補い合うような関係性ができてくると，本当に好奇心が躍るような学際研究が始まります。

4　工学と心理学

最後に，心理学ととくに関連の深い学問分野の一つである工学との結びつきについてもみてみましょう。心理学の中には,「心」を複雑な演算装置ととらえる考え方が古くからあります。下記は，認知心理学者のスティーブン・ピンカー（Steven Pinker）の『心の仕組み』からの一節です。

> 心とは複数の演算器官からなる系であり，この系は，われわれの祖先が狩猟採集生活のなかで直面したさまざまな問題，とくに，物，動物，植物，他の人間を理解し，優位に立つために要求されたはずの課題を解決するなかで，自然淘汰によって設計されてきた。（略）この見方に立つと，心理学はリバースエンジニアリングの一種にほかならない。通常のエンジニアリングにあっては，なにかの目的が先にあって，機械を設計する。逆に，機械が先にあって，なんのために設計されたのかを考えるのがリバースエンジニアリングである。（ピンカー 2013：

58）

リバースエンジニアリング　生命体をリバースエンジニアリングしながらその仕組みを解明していくという考え方は，チャールズ・ダーウィンの『種の起源』に遡ります。植物や動物がそうであるように，人間も進化の歴史の中で自己複製を繰り返します。その過程でときどきコピーエラーが発生し，再生産に寄与するエラーが蓄積されて現在の複雑な仕組みを獲得したと考えられています。このような考え方は，工学の中でもとくに人工知能との結びつきが深く，「心とは何か」という問いを探究するという目標を共有しています。

現在の人工知能研究の特徴は，ビッグデータと呼ばれる大量のデータから人工知能自体が知識を獲得するという「機械学習」にあります。一方，人間は赤ちゃんの頃から大量のデータがなくても効率よく驚異的に「学習」をすることがしばしばあります（例：犬の画像を100万回みなくても，人間の赤ちゃんは数回犬を見た経験から「犬」という概念を学習する）。なぜこのようなことが可能なのでしょうか。人工知能研究にも関わりの深い発達心理学者アリソン・ゴプニック（Alison Gopnik）は次のように述べています。「子どもたちが現在の人工知能と異なる点として，私たちが本当に重要だと考えているのは，子どもたちが世界のモデルを構築しているということです。子どもたちはただ統計を見るのではなく，（略）実際に考えているのです」（Gopnik 2021a）。このように人工知能との比較をすることで，当たり前のようで当たり前でない人間の心の仕組みの特徴が見えてきますし，逆に，人間を理解することで人工知能をより良いものへと発展させていくという動きにもつながっていきます（Gopnik 2021b）。

本章では，心の理を探究する心理学の視点と他の学問分野への視点の広がりについてみてきました。リベラルアーツとして専門分野以外の学問分野に触れておくことは，異なる学問分野の研究を融合させていくときに橋渡しをする役割を果たします。自分の専門分野の知見を分野外の人に説明するには，相手が関心をもっていそうなことや知っていそうなことと結びつけることが必要ですし，そのためには他分野への関心や知識が求められます。また，他分野と比較することで初めて見えてくる自分の専門分野の特徴もあります。学生のうちから，私たちの世界や社会で起こっている現象を複数の視点から眺める経験をすることは，将来，学問分野間に橋をかける人材育成の礎になります。それぞれの専門分野の視点から研究対象への理解を深めるとともに，その視点を広げ，他分野の視点と融合させながら多面的な視野をつくることによって，新しい発見や課題解決につながっていくのではないかと思います。

参考文献

大芦治（2016）『心理学史』ナカニシヤ出版

太田恵子（1997）「「心理学」と ‘psychology’」佐藤達哉／溝口元編著『通史　日本の心理学』北大路書房，17-40 頁

金子務（2010）「近代日本における「理学」概念の成立」『東アジア近代における概念と知の再編成』35 巻，209-223 頁，国際日本文化研究センター

カーネマン，ダニエル（2014）村井章子訳『ファスト＆スロー――あなたの意思はどのように決まるか？（下）』早川書房

楠見孝（2018）「誰もがみんな心理学者？　日常生活で役立てるために」日本心理学会監修，楠見孝編『心理学って何だろうか？

——四千人の調査から見える期待と現実』誠信書房，1-29 頁
警察庁刑事局刑事課（2012），取調べ（基礎編）Retrieved Jan 27, 2022 from https://www.npa.go.jp/bureau/criminal/sousa/index.html
佐藤達哉（1997）「日本の心理学——前史」佐藤達哉／溝口元編著『通史　日本の心理学』北大路書房，2-16 頁
ピンカー，スティーブン（2013）椋田直子訳『心の仕組み（上）』筑摩書房
三浦麻子（2018）「心理学は他の学問分野から引くてあまた——学問の垣根を超えて」日本心理学会監修，楠見孝編『心理学って何だろうか？——四千人の調査から見える期待と現実』誠信書房，152-178 頁
Gopnik, Alison (2021a). *How children's amazing brains shaped humanity*. [Audio podcast episode]. In Speaking of Psychology. Retrieved September 22, 2022 from https://www.apa.org/news/podcasts/speaking-of-psychology/childrens-amazing-brains
——— (2021b). *DARPA machine common sense: MESS model-building, exploratory, social learning systems* [Conference presentation]. International Conference on Machine Learning. Retrieved September 22, 2022 from https://slideslive.com/38960363
Johnson, Eric J. & Daniel G. Goldstein (2004). Defaults and donation decisions. *Transplantation*, *78* (12), 1713-1716
Loftus, Elizabeth (2013). *How reliable is your memory?* [Video]. TED Conferences. Retrieved September 22, 2022 from https://www.ted.com/talks/elizabeth_loftus_how_reliable_is_your_memory?language=en

第8章
社会を「良く」するヒントを探る
——経済学の視点から——

川崎 雄二郎

1　経済学で「良い」社会について考える？

世間ではよく，社会に影響力のある個人や企業が「より良い社会を目指す」とか「社会を良くするために貢献する」という言葉を発しているのを見かけます。そのようなとき，社会を良くしてもらえるのならばありがたい，と思う一方で，もう少し具体的に，何をもって「良い」社会とするのかを教えてもらえないかな，と疑問をもった経験はないでしょうか。発言した本人たちにどの程度明確なビジョンがあったかは知るよしもありませんが，「良い」社会とは何かを定義することはそう簡単なことではありません。とはいえ，それについて様々な角度から考えたり議論したりすることは，社会を構成するどの人間にとっても非常に意義深いことであり，当然，工学によって社会に貢献することを志す読者の皆さんも例外ではありません。

良い社会とはどのようなものかを考えていくために，本章では経済学を代表する様々な概念について触れていきます。「経済学はしょせんカネ（貨幣）の学問だ」という偏った印象（完全な間違いとも言えませんが）をもっている方は，経済学に基づいて良い社会について考えるということに違和感を覚えるかもしれません。確かに，現代においては市場経済における貨幣を通じた売買取引や資本主義的な富の蓄積がイメージとして定着し，経済とカネがセットのようになっているのは事実です。しかし，経済学は本来カネありきの学問ではなく，社会全体に対して主眼をおく学問なのです。

財・サービス　　そもそも経済とは，モノを生産し，人々に分配することを目的としたシステムを指す言葉です。ここでの「モノ」には，実体のあるなし（ハードかソフトか）にかかわらず，人々が求めるありとあらゆる対象が含まれます。経済学においては，それらを総称して財・サービス（goods and services），略して財（goods）と呼びますので，以降ではその用語を用いることにします。今日において多くの国が採用している市場経済（market economy）も，生産者である企業が財を売りたい分だけ売り，消費者である個人が買いたい分だけ買うという市場における個々の自由な意思決定に委ねる形で，財の生産量と各個人への分配量を調整することが本来の役割です。財が無限に生産できるのであれば，分配の仕方について深く考える必要はありませんが，現実においてほとんどの財（あるいはそれらを生産するために必要な資源）は数量に限りがあり希少です。そのような中で，「誰が」「何を」「どれだけ」手にいれることができるのかについては，特定の個人や一部の集団による勝手な判断によってではなく，何らかの社会的な基準と照らし合わせながら決定する必要があります。財の生産と分配を通して，社会がどうあるべきか，また社会をあるべき姿に近づけるためにはどのような方策を講じるべきかを考えるのが，経済学の大きな目的です。

ミクロ的視点とマクロ的視点　経済学においては，これまでにも「良い」社会を実現するという観点に基づいて財の生産や分配を評価するための様々な概念や指標が提案されてきました。それらの概念や指標は，経済をとらえる視点によってマクロ（macro）的視点のものとミクロ（micro）的視点のものに大別されます。たとえば人体に関する研究において，運動や感覚など身体全体の機能に注目する研究も，身体の筋肉，臓器，骨などの形成に関わる細胞の性質に注目する研究も，いずれも人体を知ることにつながります。それと同じように，国家などの大きな単位で経済をとらえるマクロ的視点と，個人や企業などの行動から市場や経済の動態をとらえるミクロ的視点は，経済をとらえる上ではどちらも欠かせない視点なのです。

マクロ的視点での経済指標として一般によく知られる国内総生産（Gross Domestic Product，GDP）は，一定期間に国内での経済活動によって生み出された付加価値の総額として算出される指標ですが，これによって国全体の生産や所得，経済の規模などの量をとらえることができ，さらに同じ国での時間を通じた国内総生産の伸び率（経済成長率，growth rate）を求めれば，上記のような経済的な意味での国の成長と発展のスピード感をつかむことができます。

一方のミクロ的視点としては，市場における取引や分配が個人と社会に与える影響を考えるために余剰（surplus）や効率性（efficiency）・公平性（fairness）に関する概念などが用いられますが，これらについては後ほど詳しく解説していきます。経済学の諸概念をめぐりながら，「良い」社会を考えるヒントを探っていきましょう。

2　個人と社会の利益に関する考え方――効用，余剰

新古典派経済学　まずは，個人と社会の利益に関する概念について説明します。ここで述べるいくつかの概念は新古典派経済学（neoclassical economics）の流れを汲んでいます。新古典派経済学とは，1870年代から現代に至るまで数学を用いた経済学の理論構築を推し進めた経済思想であり，アルフレッド・マーシャル（Alfred Marshall）によって確立された需要曲線・供給曲線を用いた市場均衡の理論（Marshall 1961）もここから生まれました。

個人の利益　個人が財を消費することによって得る満足感やうれしさなどを表す尺度として，効用（utility）という概念があります。財は多種多様であり，種類ごとに様々な効果をもつだけでなく，異なる財同士を組み合わせることによって効果が変化することもあります。そのため，個々の種類の財に対して個人の主観による価値判断のプロセスがどうなっているのかを議論し出すときりがありません。そこで，そういった様々な効果を総合した上で，結局のところ個人がどの程度満足感を得るかという点に着目し，たとえばリンゴ1個，2個，3個がもたらす満足感はそれぞれ20，35，40，

また紅茶2杯とクッキー7個のセットの満足感は150で，紅茶4杯とクッキー2個のセットの満足感は100といった具合に，個人の満足感に対応するように効用の数値をあてがうのです。同様にして，余暇時間の量や（貯蓄や投資を意図した）貨幣の保有量にも効用の概念を適用することができます。したがって，効用の値の大小は個人の選好（preference），つまり好みを表現したものであると言えます。

余　剰　　個人が分配などによって財を無償で与えられる場合には，個人が得る利益は効用と等価であると考えても差し支えありません。しかし，市場において自らの支出で財を購入するときには，財がもたらす効用だけでなく購入にかかる費用についても勘案する必要があります。そこで，効用を貨幣価値に直し，そこから支出金額を差し引くことで財の購入と消費によってもたらされる利益を表現します。これを消費者余剰（consumer surplus）といいます。一方，市場を考える際には，供給サイドも忘れてはいけません。財の生産によってもたらされる利益は，収入から生産にかかる費用（厳密には固定費用を除いた可変費用）を差し引くことで求められ，これを生産者余剰（producer surplus）といいます。

社会の利益　　市場での生産と分配（売買取引）によって社会全体が得た利益は，総余剰（total surplus）あるいは社会的余剰（social surplus）などと呼ばれます。総余剰は，社会に属する個人や企業が得た利益の総計であり，消費者余剰と生産者余剰の和として求めることができます。式で表現すると，

総余剰＝消費者余剰の合計＋生産者余剰の合計
　＝（貨幣価値に直した個人の効用の合計－消費にかかる支出総額）
　＋（生産者の収入総額－生産にかかる費用総額）

となり，消費者の支出と生産者の収入が等しいことから，

総余剰＝貨幣価値に直した個人の効用の合計－生産にかかる費用総額

という式が得られます。これにより，社会の利益も個人の利益と同様に，貨幣価値に変換された効用から費用を差し引くという式の構造であるとみなすことができます。

総余剰は，社会が「良い」方向に移行しているかどうかの判断基準としても用いられます。たとえば財の生産量を増やしたとき，その増えた分はいずれかの個人に分配されるので効用の合計は増加すると考えられます。しかし，それと同時に生産にかかる費用（この中に生産者以外が被る損害なども含んでいると考えても結構です）も増加するので，両者を加味した結果として総余剰が増加するとは限りません。このように総余剰の概念を用いれば，生産量ないし取引量の増減が社会全体の利益にもたらす影響について議論することができます。

また，消費者余剰と生産者余剰の変化について見ることも重要です。例として，他国との貿易を考えてみましょう。自国での生産品と同質でより安価な財が輸入できるとなれば，需要の増加も相まって消費者余剰は飛躍的に増加し，それに牽引されるように総余剰も増加します。しかし，その一方

で，国内企業は海外企業に取引の機会を奪われるだけでなく，安価な製品との競争によって製品の価格を余儀なくされるため，国内での生産者余剰は極端に減少します。生産者余剰は企業が得る利益ですから，これが大幅に縮小するとなると，企業の倒産ひいては国内産業の衰退が引き起こされる危険性があります。市場は常に二面性があり，消費者である個人の利益にかなうような事柄が，生産者である企業側にとって必ずしも喜ばしいものであるとは限りませんし，またその逆もしかりです。社会全体として利益があるかどうかという視点も重要ですが，それだけで評価を下すのは危険な部分があるかもしれません。

3　良い配分とは何か —— 効率性と公平性

生産量に関する議論に続いて，経済システムのもう一つの関心事である配分について考えていきましょう。経済学においては，主に「効率性」と「公平性」という基準を用いて経済システムがもたらす配分を評価します。以下では，それらに関する二つの概念について紹介します。

効率性に関する概念　一般に効率という言葉は，対象とする物事に無駄がないときに用いられます。しかし，個々人への財の配分における無駄とはどのように考えればよいのでしょうか。配分の効率性についてはこれまでに様々な定義が提案されてきましたが，その中でも最もよく知られているのが19世紀の経済学者ヴィルフレド・パレート（Vilfredo Pareto）が提唱した概念です（Pareto 1971）。その概念は，現在ではパレート効率性（Pareto efficiency）またはパレート最適性（Pareto optimality）と呼ばれています。

パレート効率性　パレート効率性の基準において，配分を改善するとは，ある配分から別の配分への変更によって，誰の効用も低下させることなく一部の個人の効用を厳密に高められることであると定義します（一般にはこれをパレート改善といいます）。このような改善の余地があるということが，元の配分に無駄がある，すなわち配分が非効率であるととらえるのです。実際，リンゴが欲しい人にバナナを多く与え，バナナが欲しい人にリンゴを多く与えるよりも，リンゴが好きな人にはリンゴ，バナナが好きな人にはバナナを与えた方が双方の効用水準が高くなるので，確かに改善したと言えるでしょう。また，アルバイト同士で都合の良い時間帯で働けるようにシフトを交代するときも，友だちに勉強を教える代わりにご飯を奢ってもらうときも，パレートの意味ではそれぞれの配分を改善するための行為ということになります。これに基づけば，効率的である，つまり無駄が生じていない状況とは，（少々回りくどいですが）「誰の効用も下げることなく，一部の効用を厳密に高められるような配分の変更ができない状態にあること」と説明することができます。これこそが，パレート効率性の定義です。

不公平な配分　パレート効率性は，ある意味において社会的に良い配分の基準だと言えますが，単に配分に対して無駄がない（改善の余地がない）ことを要求しているだけであって，公平であるかどうかについては一切配慮していません。先ほどのリンゴとバナナの例でいえば，配分可能なリンゴとバナナをすべて一人の個人に与えるという配分は，どう考えても公平だとは言えません。しかしながら，すべての財を独占する個人の効用をこれ以上高めることは不可能ですし，反対に他の個人の効用を高めようとすると，すべてをもつ個人から一部のリンゴかバナナを取り上げる必要があります。各個人がリンゴとバナナに飽き足りることがないのであれば，一人にすべてを与える配分は改善する余地がないということになるので，パレート効率性の条件を満たすことになります。このような極端な例でもパレート効率的になりうるわけですから，ある程度不公平な配分においても同様にパレート効率性が成り立つ可能性があります。

ちなみに，上で述べたような極端な配分の例は，決して架空の話として片づけられるべきものではありません。フランスの経済学者トマ・ピケティ（Thomas Piketty）によって設立された世界不平等研究所（World Inequality Laboratory）が行った調査では，トップ10%の富裕層にあたる世帯が保有する富（家計純資産）の総額は世界全体の76%である一方で，中間層40%の世帯は全体の22%，さらに下位層50%の世帯の総額に至っては全体の2%しかなく，また成人一人あたりの平均保有額で比べると，トップ10%の層は550,900ユーロ（約7千万円），下位50%の層の保有額は2,900ユーロ（約36万円）と，両者の間に200倍もの差があることが明らかとなりました（Chancel et al. 2022）。富の配分においては，極端とも言えるほどの一極集中が現に生じており，こうした不公平に対して是正を求める意見は決して少なくありません。

公平に関する概念　　公平を厳密にどうとらえるべきかについては，効率性以上に意見が分かれるところですが，何らかの意味において「偏りがなく平等である」ことを意味するということに異議を唱える人はいないかと思います。とはいえ，平等に対する意味づけ次第によっては，均等配分など結果についての平等性しか認められない狭い解釈にもなれば，行動を起こすチャンスさえ平等であれば結果は問わないという比較的広い解釈も考えられます。

無羨望性　　経済学では，配分の公平性に関する基準として無羨望性（envy-freeness）という概念がよく知られています。この概念を最初に提唱したのはジョージ・ガモフ（George Gamov）とマーヴィン・スターン（Marvin Stern）ですが，その後ダンカン・K・フォーリー（Duncan K. Foley）によって初めて経済学における配分の問題へ適用されました（ガモフ／スターン 1999，Foley 1967）。配分が無羨望であるとは，各個人が他の個人への配分と比較しても自分への配分が最も好ましいと思えるような状態を言います。言い換えると，どの個人も他者への配分と比べて自分自身の配分に不満をもつことがない状況ということです。たとえば，あらゆる種類の財を個人全員に均等に与えるような配分は，各個人が他者と同じ配分を受けているので必然的に無羨望であると言えますが，これに準じた他の配分パターンも各個人が不満さえもたなければ無羨望性の条件を満たす可能性があります。その一方で，ある個人が他の特定の個人と比べて全種類の財の配分量が多くなっている状況は，無羨望性の観点から公平とは言えません。

効率と公平のトレードオフ　　先ほど，パレート効率的な配分は必ずしも公平であるとは言えないと述べましたが，公平な配分もまたパレート効率的であるとは限りません。たとえば，リンゴとバナナを均等に配分することを考えても，個人間で選好が異なることは十分にありえます。リンゴが好きな個人とバナナが好きな個人がそれぞれ存在するのであれば，後者から前者にリンゴをいくらか譲り，その対価として前者から後者にバナナを譲る（他の個人の配分はそのまま）とすると，パレート改善されることは容易に想像できます。まとめると，パレート効率性と無羨望性はトレードオフ（一方を求めようとすると他方を得ることができない）の関係にあるのが一般的であり，その意味において効率と公平の両立は困難であると言えます。

4　市場経済における効率と公平をめぐる問題

市場経済における配分の効率性　多くの国々が市場経済を採用している理由は，市場での競争的な取引を通じて効率的な配分が達成され，社会の厚生すなわち総余剰が最大化されることにあります。市場においては，需要と供給のバランスによって各財に対し価格が定められますが，それが財同士の一種の交換レートとしての役割を果たし，貨幣を媒介にした交換（取引）が行われます。この交換（取引）は当事者同士が自発的に双方の利益を高めるために行われているものなので，交換を経済の中で必要な限り行った結果として得られる配分はパレート効率的になります。ここではこのような大ざっぱな説明しかできませんが，「（ある条件の下で）市場経済の均衡における配分が必ずパレート効率的である」という事実は1950年代にケネス・アロー（Kenneth Arrow）とジェラール・ドブリュー（Gérard Debreu）の手によって，一般均衡分析（general equilibrium analysis）と呼ばれる数学的な分析手法によって定理として証明されており，その定理は一般に厚生経済学の第一基本定理と呼ばれています（Arrow & Debreu 1954）。

公平への配慮　市場経済システムはパレート効率的な財の配分を達成する機能をもつ一方で，二つの大きな問題点を抱えています。一つは，パレート効率的な配分を求めるために，公平性に対する配慮がされていないという点です。各個人はそれぞれが保有する資源（財や資産に加えて生産能力・資格なども含む）を基盤にして市場での取引を行いますが，他者が欲しいと思うような資源，すなわち市場価値の高い資源をたくさんもつ個人ほど，有利な取引をすることができます。このため，市場において個々人の資源保有に格差が生じている場合には，その格差をおおむね反映した配分が結果としてもたらされることになります。

所得再分配　このような問題への具体的な対応策として挙げられるのが，累進課税などのような所得再分配政策（income redistribution）です。これは，高所得層に対して高い税金を課し，低所得層には低い税金を課す（あるいは補助金を与える）ことによって資源配分の格差是正を促す政策であり，ある程度の公平感をもったパレート効率的配分を達成することが期待できます。先ほど紹介したアローとドブリューは，厚生経済学の第一定理とあわせて「（ある条件の下で）任意のパレート効率的な配分が，個人の所得または保有資源を適切に再分配することによって，市場経済の均衡における配分として実現する」ことも証明しています。これは厚生経済学の第二定理と呼ばれます。

上記の説明で，所得再分配政策によって「ある程度の公平感をもったパレート効率的配分が達成される」という少し曖昧な表現をしましたが，これにはいくつか理由があります。パレート効率性と無羨望性の両立が難しいということも理由の一つとして挙げられますが，それよりも重要なのは，どの程度の公平感が求められるかが社会を構成する個人たちの価値判断によって変わりうるという点です。たとえば，先ほどの所得再分配政策によって高収入の層も低収入の層も税引き後の所得が完全に均等になるように調整されるとしましょう。この場合，たとえある個人がいつもより収入が多くなったとしても，また反対に少なくなったとしても，同政策によって調整された後の所得はほとんど変わらないわけですから，何らかの不運によって所得が減ってしまった際の不安を取り除くことができる反面，なるべく多く収入を得ようとする気持ちが削がれてしまい，結果的に経済全体が衰退する恐れもあります。それゆえ，公平の度合いには適度な加減が必要であり，どの程度の公平を目指すべきかについては社会を構成する人々の考えに合わせて変えるべきなのです。こういった，各個人がもつ様々な価値観（選好）を統合して社会全体で一つの方針を定めなくてはならない場面においては，民主主義の社会であれば主に投票（voting）の原理が用いられます。日本で実施される議会議員選挙も，間接的な手続きにはなっていますが，各個人がもつ意見を社会全体の選択（政策決定）に反映させるための装置として導入されているものです。

市場の失敗　市場経済システムのもう一つの大きな問題

点は，市場の状況や財の性質によってパレート効率的な配分が達成されない場合があることです。このような状況を経済学では市場の失敗（market failure）といいます。実を言うと，市場経済において配分のパレート効率性が保証されるのは市場が完全競争（perfcct competition）と呼ばれる十分に競争的な場合に限られており，完全競争の条件を満たさないケースでは市場が失敗する可能性があります。

独占・寡占　市場の失敗の例として第一に挙げられるのが，独占や寡占などが生じているケースです。独占や寡占とは，ある財の供給者が一つまたは少数に限られている状況を指しますが，これらは財を生産するための能力や資格をもつ個人が極めて少ないこと，莫大な初期投資を要することなどといった，新規参入を阻害する要因が存在することによって生じます。独占や寡占においては，供給サイドで十分な競争が起こらないために，価格が過度に高く吊り上げられ，効率的な財の配分が達成されない可能性があります。

公共財　また，公共財（public goods）と呼ばれる種類の財においても，市場が失敗する可能性が高いと言えます。公共財とは，利用にかかる費用を支払っていない個人でも利用でき（非排除性），なおかつある個人が利用しているときに別の個人も同時に利用できる（非競合性）ような財のことであり，具体的には公園，道路，警察，消防，国防などが公共財に該当します。公共財が生産されると，上記の性質によって料金を支払わずに利用する，いわゆるただ乗り（free ride）をする者が現れるため，生産者は採算がとれなくなって市場から撤退し，財の供給が過少になる恐れがあります。公共財におけるこういった状況は，囚人のジレンマ（prisoners' dilemma）もしくは社会的ジレンマ（social dilemma）の一例としてもよく知られています。こうした事態を防ぐために，公共財を利用する者同士が協調しあって料金を分担すればよいのですが，各個人にとってはただ乗りをする方が得策であるために協調関係が維持されず，結局のところ効率的な結果は実現されません。

ネットでのただ乗り　　インターネットが普及した昨今では，複製可能なデジタルデータもまた公共財としての側面が強くなってきました。とくに音楽や映像などのデジタルコンテンツに関しては，違法アップロード（および違法ダウンロード）によってただ乗りが生じると，コンテンツ制作者の採算がとれず供給がままならなくなる恐れがあります。この問題に対しては，法律改正による厳罰化などといったアプローチも考えられますが，コピープロテクトや違法アップロード検知についての技術開発は根本的な問題解決をもたらす有効な手段となります。これらの対策は，直接的には供給者側の利益を守るものではありますが，供給を維持し効率的な配分を達成するという意味では，音楽や映画などの芸術を愛する私たちファンのためのものでもあるのです。

その他の市場の失敗　　上述した独占・寡占や公共財の他には，ある個人や企業の経済活動が他者の経済活動に（市場を介さずに）影響を及ばすケース（外部性，externality）や，財に関する情報が需要サイドと供給サイドの間で共有されていないケース（情報の非対称性，information asymmetry）が市場の失敗の事例として挙げられます。紙面の都合上，これらを細かく説明することはできませんが，外部性は公害など，また情報の非対称性はモラルハザードや逆選択（悪質な品が出回り良質な品が淘汰される）などのような，社会的な問題と深い関わりがあります。市場の失敗全般に関する議論は，ミクロ経済学の教科書において必須の内容となっていますので，詳しくはそちらを参照してください。

公共経済学　こうした市場の失敗に対して，政府は様々な対策を講じています。たとえば，独占・寡占への対策としては，法律に基づく規制（日本では独占禁止法など）によって公正かつ自由な競争を促していますし，また公共財の供給に関しては，政府がそれを請け負って，その費用を税によって徴収する形をとっています。これらのように政府が市場の失敗をカバーして配分の効率化を図るための役割を資源配分機能（allocation function）といいます。20世紀後半に活躍したリチャード・A・マスグレイブ（Richard A. Musgrave）は，資源配分機能と先述の所得再分配機能に経済安定化機能（stabilization function）を加えた三つが財政の果たすべき役割であるという考えに基づいて財政の理論を体系化させました（マスグレイブ 1961）。彼の理論は，公共経済学と呼ばれる学問分野を一変させ，現在もなお経済学全般に強い影響を与えています。

5　経済的な豊かさと幸福とのつながり

従来の経済学においては，上記のような配分に関する諸問題を解決しながら社会全体の経済的な豊かさを追求すれば，人々はきっと幸せになるものだ，と考えている節がありました。しかし近年では，幸福度（well-being）に対する世界的な関心の高まりとともに，この考えに疑問が投げかけられるようになり，経済学と心理学を中心に経済的な豊かさと幸福との関係を明らかにしようとする研究が活発に行われています。

幸福に関する研究　それらの研究の先駆けとなったのが，リチャード・イースタリン（Richard Easterlin）による各国の所得と幸福度との関係についての実証研究です（Easterlin 1974）。この研究では，国際比較で見ると所得の高い国ほど幸福度が高いという相関が見られないこと，さらに一国を時系列で見ても所得の上昇が必ずしも幸福度の上昇をもたらさないことなどが明らかになりました。この結果はイースタリン・パラドックス（Easterlin paradox）と呼ばれ，これを起点として幸福感を構成する要因を探る研究が展開されていきました。

よりミクロ的な視点に基づいた研究においては，個人の幸福感が他者との比較によって決まるという可能性が指摘されています。たとえ十分に恵まれた生活をしていても，周りがより豊かな暮らしをしているときには幸福を感じにくいということがあるように，必ずしも経済的な豊かさに比例して幸福感が得られるとは限らないというのです。このような現象の解明には，社会心理学を中心に社会的比較理論（Festinger 1954）や相対的剝奪理論（Runciman 1966）などといった様々な枠組みからのアプローチが行われています。

行動経済学　こうした流れの中で，経済学においても個人の効用構造やそれに基づく選択行動の理論を再考する動きがあり，行動経済学（behavioral economics）と呼ばれる学問分野が1990年代から急速に発展しました。行動経済学は，前述の新古典派経済学の諸概念を踏襲しつつも，それらの根底にある個人の仮定を緩和して，個人の効用が他者の状況に依存するという利他性（altruism），認識能力の限界によって必ずしも自身の効用を最大にするような行動選択ができるとは限らないという限定合理性（bounded rationality），将来にわたる最適な行動計画が時点によって一貫しない双曲的な時間割引（hyperbolic time discounting）などの新しい仮定を導入し，心理学で蓄積されてきた知見に整合的な理論を構築することを目指しています。近年では経済学の主流としての認識も高まり，2002年には行動経済学の発展に大きく貢献したダニエル・カーネマン（Daniel Kahneman）が実験経済学者のバーノン・L・スミス（Vernon L. Smith）とともにノーベル経済学賞を受賞するまでに至りました。

国や世界の経済的な発展・成長を考える上では，持続可能性（sustainability）という観点も最近では一般的となりました。2008年にフランスで行われた「経済パフォーマンスと社会の進歩の測定に関する委員会」（Commission on the Measurement of Economic Performance and Social Progress）は，持続可能性に基づいた経済のあり方を議論した会議として有名です。この委員会は，代表的な3名の参加者の名前をとって「スティグリッツ／セン／フィトゥシ委員会」とも呼ばれていますが，この3名（Joseph E. Stiglitz, Amartya Sen, Jean-Paul Fitoussi）はいずれも世界的に有名な経済学者です。この委員会がまとめた報告書（Stiglitz, Sen and Fitoussi 2009）には，(i) 経済的豊かさを示す代表的な指標であるGDPが様々な観点から見ても社会的な幸福を測る指標としては適切ではないこと，(ii) 幸福を形作る生活の質 (quality of life) を測定するためのいくつかのアプローチ手法，そして (iii) 持続可能な発展と環境づくりを考える上で，どれだけの資本 (物的・自然・人的・社会的資本) あるいはストックを将来世代に引き継ぐことができるかを示す指標に関する議論などが盛り込まれています。

真の意味での幸福とは何か，良い社会とは何かを追求する過程においては，「効率 vs. 公平」や「安定 vs. 成長」などといった対極的とも言える二つの基準の間でいかにバランスをとるべきかという難題に直面します。そのようなときに，一面的なものの見方しかもち合わせていなければ，難題を解決するどころか，その難題の存在に気づくことすらできないかもしれません。それゆえ，これらに関わる社会課題に取り組む上では，様々な視点や考え方に基づいて多面的に物事をとらえる力が必要なのです。

6　技術が社会にもたらす効果

何らかの技術を開発して人々の生活を変えようとするのであれば，その技術が何のためになるのか，どういった側面から社会を良くするのかについて考えることはやはり重要です。とくに，インフラや法律が十分に整備された社会は，すでにパレート効率的な状況に到達している可能性があり，技術がもたらす社会の変化は，ともすれば一部の個人の利益を高めるだけで，別の個人の利益をかえって損ねることになることも考えられます。たとえば，ある自治体が，各消防署に対して何台の救急車を配置するかという問題に対し，通報を受けてから救急車が現場に到着するまでの時間の「平均」を最小にするように配置を最適化する方式を導入したとします。これによって，処置までの時間が「平均的に」短縮されるわけですから，確かに社会が「良く」なると言えるかもしれません。しかし，救急車の配置変更によって手薄となった地域に住む住人にとっては，果たして「良く」なったと言えるでしょうか。こうした議論は，本章で述べた余剰や効率性・公平性に関する議論と根底の部分でつながっているように思います。

参考文献

ガモフ，ジョージ／スターン，マーヴィン（1999）由良統吉訳『数は魔術師』白揚社

マスグレイブ，リチャード・A（1962）大阪大学財政研究会訳『財政理論』（全 3 巻）有斐閣

Arrow, Kenneth J. & Gérard Debreu (1954). Existence of an equilibrium for a competitive economy. *Econometrica*, 22(3), 265-290

Chancel, Lucas, Thomas Piketty, Emmanuel Saez & Gabriel Zucman (eds.) (2022). *World Inequality Report 2022*. Harvard University Press

Festinger, Leon (1954). A theory of social comparison processes. *Human Relations*, 7(2), 117-140

Foley, Duncan K. (1967). Resource allocation and the public sector, *Yale Economics Essays*, 7, 45-98

Marshall, Alfred (1961). Edited by Claude W. Guillbaud. *Principles of Economics*, Ninth (Variorum) Edition (2 volumes). London: Macmillan

Pareto, Vilfredo (1971). Translated by Ann S. Schwier. Edited by Ann S. Schwier & Alfred N. Page. *Manual of Political Economy*. New York: A. M. Kelley

Runciman, Walter G. (1966). *Relative Deprivation and Social Justice:*

A Study of Attitudes to Social Inequality in Twentieth-Century England. Berkeley and Los Angeles: University of California Press

Stiglitz, Joseph E., Amartya Sen & Jean-Paul Fitoussi (2009). *Report by the Commission on the Measurement of Economic Performance and Social Progress*

第9章
「競争のための学び」と「共生のための学び」

上原 直人

1 学ぶことの意味を考える

今日,「生きていくために学びは重要だ」,「若い頃に学校に通って学ぶことは重要だ」という考え方は，多くの人に共有されています。人類がここまで進化してきたのは，環境への適応，技術の開発などに関わる様々な学びがあったからですが，教育の本質・目的・方法・制度・行政・歴史などを総合的に研究する学問として，教育学が体系化されていくのは，近代社会において学校制度が成立する前後からです。

教育学を専攻する学生や教職課程を受講する学生は，教育の基礎的理解，教職の意義，教科指導法などに関わる複数の科目を履修することを通じて，教育学について多角的に学びますが，それ以外の学生向けには，多くの大学で教養科目として教育学に関係する科目が開講されています。それでは，教養としての教育学を学ぶことの意味はどこにあるのでしょうか。中学生や高校生の頃に,「なぜ勉強しなくてはならないのか」,「これだけたくさんの知識を習得することにどんな意味があるのか」と考えたことがある人も多いでしょう。大学入学まで試験に追われ，じっくりと考える機会がなかったからこそ,「そもそも人間は何のために学ぶのか」,「学校はなぜ存在するのか」,「大学卒業後にどう学んで生きていくのか」といった広い視野に立って，人間が学ぶことの意味を探求していくことが大切です。その意味では，教養としての教育学は広い意味でのキャリア教育といえるかも知れません。

「教育」と「学習」　ここで,「教育」と「学習」の違いについても触れておきたいと思います。辞書には,「教育」とは,「教え育てること。望ましい知識・技能・規範などの学習を促進する意図的な働きかけの諸活動」であるのに対して,「学習」とは,「まなびならうこと。経験によって新しい知識・技能・態度・行動傾向・認知様式などを習得すること，およびそのための活動」と説明があります（新村編 2017)。つまり，学校教育や家庭教育のように，教師や親による意図的な働きかけがあるものが「教育」であり，自ら経験して蓄積していくものを「学習」と呼ぶということになります。もっとも，使用場面によっては，明確な線引きが難しいケースもありえますが，こうした違いについてはおさえておくことが重要です。

多くの人が教育や学習という言葉からすぐに思い浮かべるのは学校制度ですが，教育学研究においては，学校にとどまらず広い意味での人間形成のあり方も探究されてきました。実際に,「地域社会において子どもや若者の学びがどのように育まれていくか」,「学校卒業後に就職してから職業能力開発はどのように行われるのか」,「人生100年時代といわれる中で高齢者が学習活動にどう向きあうか」など，学校内外において生涯にわたって，様々な学びの場と機会が存在します。

以下では，日本の歴史に即しながら，今や世界各国で当たり前のように存在する学校とは何かを問い返すことを中心にすえつつ，子ども・若者期の学校だけでなく，学校外，学校卒業後にも様々な学びの場と機会があることを理解しながら，人間が学ぶことの意味を考えていきます。その際に，個々人が生き抜くことを重視する「競争のための学び」と，他者と学びあうことを重視する「共生のための学び」という二つの視点に着目します。

2 学校制度以前の社会と人々の学び

現代を生きる私たちにとって，社会に出る（就職する）前に学校に一定期間通うのは普通のことですが，学校制度は人類の長い歴史からすれば比較的最近できたシステムでもあります。なお，ここでいう学校とは，近代社会において，すべての国民を対象に国家の管理のもとに行われるようになった公教育機関を意味しており，日本でいえば，明治時代初期に欧米の制度を模範としてつくられて現在に至っている学校制度を指しています。

生活の中の学び　学校がない時代においては，生活世界の中に学びの機能があり，人類は技術や知識を伝承してきました。農村から都市への人口移動がほとんどなく，生まれ育った地域で生涯を過ごす人が大半であり，集落内での人間関係は濃密でした。各集落には，若者組，中年組，老年組など世代別に参加することが当たり前の地縁組織があり，頻繁に行われる冠婚葬祭の準備や実施の過程で学びあいながら，人々は地域社会の一員となっていきました。また，現在のように職住分離が明確でなく，農業や商売など家業を継ぐ，職人の世界で生きるということが普通であり，日々の暮らしの中に職業教育の機能があったといえます。

江戸時代の学び　しかし，江戸時代になると，身分に応じた教育が本格的に行われるようになっていきます。民衆の子弟が学んだ寺子屋では，武士，僧侶，神職などが師となり，基礎的な読み書きやそろばんなどが教授されましたが，卒業時期や修業期間も定まっておらず生徒数も様々で個別教授が中心でした。一方で，藩士の子弟が学んだ藩校は，諸藩が設立した専門的な教育機関で，江戸時代中期（18世紀半ば）には全国に広がり，儒学，国学，漢学など専門書を扱った教育が施されました。修業期間が設けられ，集団教授が中心に行われた点では，藩校は明治時代以降の学校とも通ずるものであったととらえられます。こうして，江戸時代後期には，多くの人々が基礎的な教育を受ける体制ができていたことで，高い識字率（文字の読み書きができる人口割合）を示していたといわれており，そのことが，明治時代以降の学校の普及と定着にもつながっていったと考えられます（大石 2007，高橋 2007）。

なお，江戸時代後期（18世紀後半以降）になって，藩校や幕府直轄の学問所（幕臣とその子弟を対象とした教育機関）でみられた変化にも言及しておきたいと思います。それは，進級，奨励，登用と結びついた試験制度が積極的に活用されていったことにより，武士階級の間で将来のために勉学に励むという風潮が高まっていった点です。藩によっては，試験の成績が将来の処遇に影響する（下級武士でも出世できる，上級武士でも出世できないなど），成績が悪ければ武士身分が剝奪されるといったこともありました（橋本 1993）。この変化は，明治時代以降の学歴社会の先取りともいえ，試験による競争と選抜という仕組みを，武士階級を対象とする教育機関に限定されていたものからすべての子どもを対象に広げたのが明治時代における学校の成立といえるでしょう。

3　学校制度の登場

国家側の要求と民衆側の要求　　国民すべてを対象とした学校制度という発想は主にヨーロッパから広がっていきますが，学校制度の登場は大きく二つの潮流から説明できます。一方は，国家側からの要求で，産業の発展と近代国家建設のために国民教育を必要としたことです。産業革命によって工業都市が成立し工場労働に従事する労働者が増大していきますが，労働者に一定の読み書き能力が求められるようになりました。また，絶対王制に代わって形成された近代国家は，国家の斉唱，国旗の掲揚，言語の標準化などの統制によって，国民に国家の一員としての帰属意識（国民的アイデンティティ）を醸成していく上で，国民教育を必要としました。

他方は，民衆側からの要求で，特権階級のみでなくすべての人間に教育機会を求めたことです。学校制度がない時代にあっても，特権階級の子弟を対象とした専門的な教育機関が存在し，そこで学んだ人間が国の統治に関わるというのが一般的でした。しかし，高いレベルの教育を受けて学識も豊かなはずである人々が，私利私益を求めて堕落していく状況を目の当たりにして，コンドルセ（Marquis de Condorcet, 1743–94）を始めとする思想家たちが教育の不平等が専制政治の源泉となっていると鋭く批判しました。そして，すべての国民に教育機会を均等に設ける必要性を説き，民衆の側に立って教育機会を求める声が高まっていったのです。

こうした二つの潮流が混在しながら近代的な学校制度は設立されていきました。日本の場合，教育機会の均等や子どもの権利といった近代公教育思想が十分に形成されていない中で，明治政府が近代国家建設のためにヨーロッパにならって学校というシステムを短期間でつくり上げていった点で，国家側の要求が色濃く反映されたものだといえます。

明治の学校　1872 年（明治 5）の学制の公布によって，現在の基盤となる初等教育，中等教育，高等教育からなる教育制度が布かれ，身分に関係なくすべての子どもたちが学校という場で学ぶ体制となりました。そして，初等教育の普及を目指した政府の意向を受けて，各地で小学校の建設が進んでいきます。学校の建設資金の不足を補うために地域住民から身分に応じて寄付を募る地域もあり，従来の木造日本建築に西洋風の建築様式も取り入れた建物も多くつくられました。したがって，当時，地域の人々にとって，小学校は地域の共同施設であるとともに，明治という新しい時代における文明開化の象徴でもあったといえます。

長野県松本市の旧開智学校，静岡県磐田市の旧見付（みつけ）学校，愛媛県西予市の旧開明学校などは，現存する初期の学校建築として知られ，その内部は一般公開されており，現在のノートやタブレットにあたる石盤（20 世紀初め頃まで世界各地の学校で使用されていた学習用の筆記具）も見ることができます。当時，子どもたちは，石筆で石盤に書きこんだ事柄を覚えては，布やスポンジなどで消すということを繰り返しながら学んでいました。

等級制と学級制　また，明治初期の小学校では，半年間を1タームとして進級していく等級制がとられていました。スイミングスクールの進級をイメージすればわかりやすいですが，たとえば第8級からスタートし進級試験に合格すると第7級へと上がるという形です。半年間が標準的な修業期間とされましたが，2か月程度で次の級に進む者がいた一方で，進級試験になかなか合格できない者も多かったように学習進度は多様でした。それが明治中頃になると，政府は半年単位の級編成をやめて修業期間1年をもって1学級とすることとし，現在のように，同年齢の子がもち上がりで学ぶという学級制へと転換していきます。等級制においては，個人の知的啓蒙が重視されますが，学級制においては，知的啓蒙以外にも集団としてのまとまりや集団生活を送る上での規範なども重視されるようになっていきます。運動会や文化祭において，クラス対抗やクラス単位が重視されるのは，学級制が定着したことによってもたらされたといえます。

4　学校の定着と学歴社会の形成

こうして学校が設立されていきましたが，明治時代中頃までは，小学校に入学したものの途中でリタイアするケースも多く見られました。その背景には，家業を継ぐ子どもを学校に通わす必要などないという親の意識，当時の学校は授業料も徴収していた点（授業料が払えない），等級制のため進級試験があった点（落第してそのまま学校に来なくなる）がありました。ただし，その時期にあっても，中等教育や高等教育まで進む者も一部存在しており，旧藩士の子弟を中心とした一部の層は，いち早く学歴社会の波に乗っていたことがわかります。

立身出世と受験競争　学校が定着してきたといえるのは，20 世紀に入った明治時代終わり頃から大正時代になります。義務教育年限が 4 年から 6 年へと延長されるとともに授業料の無償化も図られたことによって，中途退学者や未就学者は大きく減少し，世界的に見てもかなり短期間で就学率の大幅な向上を達成することができました。そして，中等教育以降に進学する者も増えていき，高学歴化が始まりました。こうして，明治時代以前の身分制社会から学歴社会へと転換し，「試験と競争を勝ち抜き，学問・学歴によって身を立て出世する」という立身出世の思想が急速に社会に浸透していったといえます。現在では，「立身出世」という言葉が使用されることは滅多にありませんが，将来の職業的自立のために学校に行って学ぶことが重要だという考え方は，多くの人に暗黙的に共有されている価値観といえるでしょう。

高学歴化が進行するにつれて試験と競争は激化していきましたが，それを最も象徴していたのが中学校の入学試験でした。戦前日本の教育制度は，小学校卒業後の中等教育段階が，原則男女別学で多様な学校形態（中学校，高等女学校，実業学校など）に分かれた分岐型の制度であり，複数ある高等教育機関の中でも最も格が高かったとされる大学に進むには，中学校卒業者が圧倒的に有利だったため，中学校の入試は熾烈を極めました。ちなみに，中学校は男子しか入学できなかったため，戦前日本においては，女子が大学に進学するのは非常に困難な状況でした。

「勉強」の意味　ところで，「勉強」という言葉からどんなイメージを連想するでしょうか。試験勉強や受験勉強に代表されるように苦痛を伴うものといった感じでしょうか。辞書には，「精を出してつとめること，学問や技術を学ぶこと」と定義されているように，試験や資格取得に向けて一生懸命に努力して学習に取り組むといった感じで，「勉強」には単に「学習」だけでなく「努力」や「勤勉」が含まれています。ちなみに，「勉強」の原義は「無理をする」で，江戸時代には「勉強値下げ」，「勉強広告」という言葉があったように「勉強」は安売りのことを意味していて，「勉強します」といえば値段を下げて売ることでした。それが，明治時代になると次第に学問への努力をあらわす言葉として用いられるように転化していったのです。学歴社会においては，親が子どもに「勉強しなさい」という場合には，単に学習をしなさいといっているのではなく努力と勤勉を要求しているわけです（竹内 2005）。

5　高学歴化と揺らぐ学校

第二次大戦後の教育改革によって，戦前の分岐型の制度から，初等教育（小学校），中等教育（前期の中学校，後期の高等学校），高等教育（大学，短期大学）までが，一本に貫かれた単線型の制度へと転換しました。また，教育制度上の男女平等が実現したことにより，公立の（新制）中学校はすべて男女共学となり，国公私立の（新制）高等学校にあっても多くの共学校が設置されました。ただし，地域によっては，戦前の中学校や高等女学校を引き継いで，公立の男子高校，公立の女子高校も多く設置され，現在でも栃木県，群馬県，埼玉県を中心に一定数存在しています（小山・石岡編 2021）。

こうして新しい学校制度となりましたが，1950 年代半ば頃までは，中学校卒業後に就職する青少年も多くみられました。それが，1950 年代後半に高度経済成長期に突入すると，高校進学率が急上昇していきます。その背景には，農林水産業を基盤とした第一次産業から，製造業・建設業・鉱業を基盤とした第二次産業への産業構造の変化に見合った労働力の育成が産業界から要請され，知識重視型の教育政策が打ち出されていったことがあげられます。そして，1980 年頃には，高校進学率は現在の全入に近い水準（95％以上）に達し，短期大学を含む大学教育の大衆化も進み，現在は 60％に近い大学進学率になっています。

学校への批判　しかし，このような急速な量的拡大の裏で，1960 年代半ば頃から，「落ちこぼれ」，「詰め込み式勉強」，「いじめ」，「自然体験の欠如」などの子どもをめぐる社会的課題が顕著になり，学校組織の閉鎖性や硬直性，日常生活との遊離が批判されるようになっていきます。学校への批判が高まった背景には，家庭や地域の教育力の低下によって学校機能が肥大化してきたことが関係しています。つまり，経済発展と都市化の進展による人間関係の希薄化や核家族化によって，子どもの生活基盤を保障してきた家庭や地域の教育力が低下し，従来は家庭や地域社会で自然に伝承されていた知識の伝達や社会体験などまでをも，学校が抱えこまなければならなくなったという構造です。学校がすべてやってくれるものだという認識が，地域住民（保護者）の間にも無意識に浸透していき，学校に対する監視・批判の視点が強くなり，学校教員へのプレッシャーの高まりをもたらしました（諏訪・福本編 2021）。

学校に行くことが普通になった1970年代半ば頃に，何らかの心理的，情緒的，身体的あるいは社会的要因・背景によって，学校に行かない，あるいは行くことができない子どもたちが増加し始めました。当時は「登校拒否」と呼ばれ，「学校に適応できない子ども」の病理現象として，本人の気質や家庭の育て方に原因があるというとらえ方が有力でした。こうした状況に対して，当事者たちや専門家から学校を絶対的なものとして肯定する見方に疑義が出されるようになり，徐々に，社会の病として欠席をとらえる見方も広がっていき，現在では「不登校」という用語が用いられるようになっています。今日では，不登校児童・生徒の保護者らが中心となって設立されたフリースクールと呼ばれる学びの場も多様に展開されており，行政や既存の学校とも連携を図りながら，学校以外の学びの場や居場所が広がっています（木村 2015）。

オルタナティブ・スクール　1960年代から70年代は，日本のみならず世界レベルで学校という存在が揺らぎ始める時期で，学校への疑問や批判が高まっていきます。識字教育（文字の読み書き能力の向上を通じて貧困状況や抑圧状況からの解放を目指すための教育）への貢献で知られるブラジルの教育者であったパウロ・フレイレ（Paulo Freire, 1921–97）は，学校教育のあり方を「銀行型教育」として批判しています。フレイレは，教師が空の銀行口座のような生徒に，まるで貯金を繰り返していくように知識の伝達を行う「銀行型教育」に陥ることで，生徒も教師も非人間化されるとともに，社会における抑圧的な態度や行動が助長されてしまう状況を危惧しました（フレイレ 2018）。また，オーストリアの社会評論家であったイヴァン・イリイチ（Ivan Illich, 1926–2002）は，学校は，軍隊や監獄のように，人々の自由な選択を奪うとともに不平等や落第者をわざわざつくり出す制度であると批判し，「脱学校論」を提唱しました。「教えられ，学ばされる」という関係から，「自ら学ぶ」という行為が重視されるような，制度化されない学びの場を構築していく重要性を提起し，フリースクール運動にも影響を与えたといえます（イリイチ 1977）。

既存の公教育と距離を置く子どもは日本のみならず世界中に存在しているように，学校の揺らぎは，教育制度が普及した世界各国で生じており，フリースクール以外にも画一的な学校でない学びの場をつくろうとする動きが見られます。こうした従来型の学校教育活動とは異なる学習プログラムを実施する教育機関は総称してオルタナティブ・スクール（Alternative school）と呼ばれることが多く，欧米諸国を中心に世界各国に広がりつつあります。「シュタイナー」，「イエナプラン」，「モンテッソーリ」など有名な教育法に基づいて，子どもを自立した個人として尊重し，子どもが本来もっている探究心を引き出すような体験型やプロジェクト型の学習を展開し，少人数で異年齢の子ども同士の活動も重視しているのが特徴で，日本においても近年広がりをみせています。

6　共生のための学び

学歴社会は，競争と選抜の社会である以上，学校で展開される教育は，子どもたちにとって「競争のための学び」になりがちです。しかし，学校は競争の場としてだけでなく共生の場としての意味も有しています。実際に，等級制から学級制へ転換したことによって，学校は勉強以外の活動や行事を，仲間と一緒に行うことを通じた絆づくりを育む「共生のための学び」の場にもなっています。もっとも，学級制に関しては，クラスの同調圧力が高まり，それになじまない子が排除されるという構造もあるため，複数担任制や学級活動以外の場（学年やクラスを超えた生徒同士の交流や地域との連携など）も適宜組み込んでいくことも重要です。

画一主義への批判　　学校という場を「共生のための学び」の空間に組み換えようとする努力は，歴史的に展開されてきた点もおさえておく必要があります。明治時代に文部官僚も歴任し，日本の学校制度創設に大きな役割を果たした沢柳政太郎（1865-1927）は，大量の知識を詰め込むテスト第一主義に陥ることで，生徒はその場その場の試験をいかにして突破していくかに追われ，教師も生徒に過度な勉強を強いることを余儀なくされていた状況を憂慮し，知識偏重教育から子どもの自発性を重視し，子ども同士が学びあう自由な教育への転換を図ろうと格闘しました。公立学校では実現が難しく最終的には私立学校である成城小学校を創設していますが，画一主義的で注入教授を基調とする教育に対して，子どもの個性を尊重し創造性を育むことを目的とした沢柳らの取り組みは大正自由教育とも呼ばれ，学校の新設も相次ぎました。第二次大戦下において自由な教育の継続は困難を極めましたが，教育界に大きな影響を与えたといえます。

山びこ学校　戦後すぐに山形県の中学校教師になった無着成恭（1927–）は，貧しい山村の実生活に即して，生徒たちが感じる疑問を題材として取り上げ，学級で話しあい共有しあい，学級全員の散文，詩，日記，版画などを収めた生活実践記録として，学級文集『山びこ学校』を 1951 年（昭和 26）に刊行しています（無着 1995）。『山びこ学校』の社会的反響は大きく，後に映画化や演劇化もされるほどでした。その後，高校進学率が急上昇し，都市部のみならず農山村部も含めたすべての子が受験競争への参加を余儀なくされていく中で，学校という場を競争的な空間から共生的な空間へと組み換えるべく，無着のように，生活の現実に即した内容を生徒同士で学びあう実践を展開してきた教師も多数存在します。そして，1990 年代に入ると，学校を子どもたちが学びあう場所にするだけでなく，教師たちも専門家として学び育ちあう場所にし，さらに親や市民も参加し協力して学びあう学校づくりを目指す「学びの共同体」という考え方が提起され，近年，教育現場へも波及しつつあります（佐藤 2012）。

アクティブ・ラーニング　今日，学校教育において，「探究学習」や「アクティブ・ラーニング」が強調され，機械的な学びだけでなく子ども・若者の主体性や創造性を重視する傾向にありますが，それらはまさに歴史的に模索されてきたものにも通じており，単なる教育手法としてではなく，「共生のための学び」として展開していけるかが問われています。

もっとも,「共生のための学び」が求められてきたのは,教育や学習という営みの本質とも関わっています。学校というシステムが登場したときに,効率的に教師から多数の生徒へ知識を伝達できる点において,工場に例えられることもありました。しかし,教師の仕事は,ベルトコンベアで運ばれてくる生徒に,知識や技能をつけくわえて右から左に流して送るような反復的で操作的な作業ではないことは,教育学研究によって明らかにされてきました。教師は教育学的な手法を用いながら生徒に働きかけていきますが,各生徒からの反応は多様で,教師は生徒との相互作用の中で教育実践を行っているのであって,生身の人間である教師と生徒との相互作用にこそ教育の本質があるのです(ビースタ 2016)。こうした教育の本質をふまえれば,生徒同士の学びあいだけでなく生徒教師間の学びあいも重要であるといえるでしょう。

ユネスコの学習権　また,21世紀の学びのあり方を考える上で国際的に注目されてきたものとして,世界文化遺産の認定機関としても広く知られるユネスコ(国際連合教育科学文化機関)が提起した学習論があります。「学習——秘められた宝」(1996年)という報告書では,人類発展のための学習は,幅広い一般教養をもって特定の課題について深く学ぶ「知ることを学ぶ」,専門化した職業教育ではなく様々な実用的能力を身につける「為すことを学ぶ」,他者を理解し協力する「ともに生きることを学ぶ」,個人の人格の完成を目指す「人間として生きることを学ぶ」という四つの柱からなり,とくに「ともに生きることを学ぶ」という視点を主軸にすえていくことの重要性が説かれています(天城 1997)。

学校外の学び　そして，学校外に視野を広げると，「共生のための学び」はより多様に展開されていることがわかります。公民館では，乳幼児を育てる親同士が交流し学びあう子育て学級や，多文化共生や地域防災などの地域課題をテーマに住民同士が学びあう講座，夏休みには小学生向けの自然体験講座などが開設されるとともに，常日頃から趣味教養や地域課題をテーマにした様々なグループによる学習活動が展開されています。東京都杉並区の「ゆう杉並」は，中学生や高校生が，文化・芸術・スポーツなど自主的な活動をしながら交流できる街中にある青少年施設で，中高生たちは施設の運営に参画するとともに自主企画事業も展開しています。こうしたコミュニティに存在する施設には，ファーストプレイスとしての自宅でもない，セカンドプレイスとしての学校や職場でもない，ほっとできるもう一つの場としてのサードプレイスとしての意味があります。

2015年に国際連合で採択された「持続可能な開発目標(SDGs)」は，メディアでも大きく取り上げられ，私たちにとってもSDGsは身近な言葉となっていますが，その目標として大きく打ち出されたのが「誰一人取り残されない」状態の実現です。そのためには，「共生のための学び」を，グローバルかつローカルな視野に立って，学校外における多様な実践にも着目しながら追求していくことが求められます。日本においても，公害問題や環境保全の課題と向き合う住民と専門家の対話型な学び，生きづらさを抱える子ども・若者の居場所づくりから社会参加へとつなげていく学び，障害のある人もない人もともに集い学びあう場，日本語学習支援や生活支援を通じて在留外国人と日本人が共生するコミュニティ形成につながる学びなど豊富な実践の蓄積があります

(佐藤・大安・丸山編 2022)。

7 21世紀における学びと技術者

「教養とは何か」を問う議論で重視されてきたのが，教養には一人一人が備える資質だけでなく，自分を社会の担い手とみなし，社会で共存している他者との関係のうちに自分を位置づけるといった自覚も含まれているという視点です（阿部 1997，戸田山 2020)。本章では，人間が生きていく上では，個々人が生き抜くための「競争のための学び」だけでなく，他者とともに社会を創っていくための「共生のための学び」も重要であることを確認してきましたが，両者は必ずしも二項対立的ではなく混在しているととらえるのが現実的かも知れません。個々人が競争に打ち勝つことが主目的であっても，切磋琢磨という言葉もあるように，仲間との学び合い・教え合い・助け合いとも結びつきながら展開していくことを通じて，他者との共生についての理解を深めていくことはありえます。

知識基盤社会　最後に，これまでの議論もふまえて，21世紀社会における学びと技術者のあり方について考えます。21世紀は，新しい知識・情報・技術が，政治・経済・文化をはじめ社会のあらゆる領域での活動の基盤として飛躍的に重要性を増す，いわゆる「知識基盤社会」(knowledge-based society）の時代となるといわれてきました。そして，知識基盤社会には，「競争」の観点と「共生」の観点が内包されており，前者に関しては，高度情報化と科学技術水準の高度化による既存の知識の陳腐化に対応して，個々人が生涯にわたって知識・技能のバージョンアップを図っていくことが求められ，後者に関しては，情報や人材がグローバルに行き交う中で，自分とは異なる文化や歴史に立脚する他者と共存し，環境問題や少子・高齢化といった社会的課題に向き合う「開かれた個」が求められるとされています（中央教育審議会 2005）。

リカレント教育　21 世紀前半から半ばにさしかかる今日において，AI 技術の登場と高度化に象徴されるように，技術者も大学や大学院で身につけた知識や技能をアップデートしていくために，学び続ける必要性はさらに高まっています。近年，青少年期という人生初期にのみ集中していた教育を，個人の全生涯にわたって位置づけ，労働，余暇，その他の活動と循環する（recurrent）ものへと組み換えていくというリカレント教育（recurrent education）が日本においても重視され，社会人向けの大学院のコースなどが拡充しているのは，こうした時代的な流れに即したものととらえられます。ただし，各国において，グローバル経済に対応する強い個人を育成するために，リカレント教育が政策的に重視されている側面が強い点には注意が必要です。日本における近年のリカレント教育強化の流れも，日本的経営の変容（終身雇用・年功序列からの転換，非正規雇用の増大，職場内における中長期的な人材育成の縮小など）からくる産業界および国家側の要請とリンクしており，学校卒業後において，技術者も生涯にわたって，これまで以上に，自己責任の名のもとに「競争のための学び」にさらされ続けることになります。

それを回避するためには，「競争のための学び」だけでなく「共生のための学び」も探求していく必要があります。産業技術の高度化のみならず，環境と調和する技術や超高齢社会を支える技術など，持続可能な社会のための技術貢献がよりいっそう求められる中で，異なる他者と共存し，社会的諸課題に向きあう「開かれた個」となるための学びの重要性は増していくことでしょう。技術者として，自身の仕事に直結する専門的なことだけでなく，社会的諸課題の解決のヒントにもなりうる幅広い分野について，学校内外に広がる多様な場で他者と学びあうことが，教養を身につけた大人として，自身の人生を豊かなものにしていくことにつながっていくことと思います。

参考文献

阿部謹也（1997）『「教養」とは何か』講談社現代新書

天城勲訳（1997）『学習――秘められた宝　ユネスコ「21世紀国際委員会」報告書』ぎょうせい

イリイチ，イヴァン（1977）東洋／小沢周三訳『脱学校の社会』東京創元社

大石学（2007）『江戸の教育力――近代日本の知的基盤』東京学芸大学出版会

木村元（2015）『学校の戦後史』岩波新書

小山静子／石岡学編（2021）『男女共学の成立――受容の多様性とジェンダー』六花出版

佐藤一子／大安喜一／丸山英樹編（2022）『共生への学びを拓く――SDGsとグローカルな学び』エイデル研究所

佐藤学（2012）『学校を改革する――学びの共同体の構想と実践』岩波ブックレット

新村出編（2017）『広辞苑第七版』岩波書店

諏訪英広／福本昌之編（2021）『新版　教育制度と教育の経営――学校－家庭－地域をめぐる教育の営み』あいり出版

高橋敏（2007）『江戸の教育力』ちくま新書

竹内洋（2005）『立身出世主義――近代日本のロマンと欲望』（増補版）世界思想社
中央教育審議会答申（2005）『我が国の高等教育の将来像』
戸田山和久（2020）『教養の書』筑摩書房
橋本昭彦（1993）『江戸幕府試験制度史の研究』風間書房
ビースタ，ガート（2016）藤井啓之・玉木博章訳『よい教育とはなにか』白澤社
フレイレ，パウロ（2018）三砂ちづる訳『被抑圧者の教育学――50周年記念版』亜紀書房
無着成恭（1995）『山びこ学校』岩波文庫

あとがき

本書は，名古屋工業大学において共通科目として開講されている「人間社会科目」を担当する教員の有志によって作成されたものです。

21 世紀に入り，理系・文系といった縦割りの学問分野による知識伝達型の教育や専門教育への入門教育からの転換の必要性が叫ばれるようになり，従来の教養教育を「リベラルアーツ教育」として深化させていこうとする動きが広がっています。予測不可能な未来社会を創造していけるような人材育成においては，専門分野についての専門性だけではなく，幅広い教養，高い公共性と倫理性，論理的思考力の涵養が求められているように，リベラルアーツの重要性は，今後ますます高まっていくものと予想されます。

教養教育に中核的に関わるという共通項をもつ私たちは，「リベラルアーツ教育」への深化を目指して様々な取り組みを行ってきました。学外の講師を招いた研究会を継続的に開催しながら，高大接続，アカデミック・ライティング，論理的思考力，教養の本質に関する知見の共有を図るとともに，カリキュラムの検証も行ってきました。

本書は，こうした取り組みの蓄積の上に成り立っています。専門分野は，哲学，倫理学，科学史，歴史学，人類学，心理学，教育学，経済学と多岐にわたっていますが，自身の専門分野と技術や工学との関わりを意識しながらそれぞれの授業で展開してきた知見を共有して，一冊のテキストとしてまとめてみようということになりました。そして，テキストを刊行するという私たちの企画は，名古屋工業大学「2022年度教育改善推進経費」による出版助成という形で，大学からの理解と支援をいただき前進させることができました。

専門分野のテキストではなく，リベラルアーツのテキストを作成するという試みは，私たちにとって大きな挑戦でもありました。しかし，作成過程で専門分野の異なる互いの原稿を読みあい議論を積み重ねてきたことは，私たちにとって「教養とは何か」についてより深く考える契機ともなりました。昨今，諸学問分野の融合による学際的な研究の重要性が強調されていますが，研究者が自身の専門分野の殻を破って異なる分野へと視野を広げていくことは，リベラルアーツ教育の展開においても必要な要件であると強く感じます。

本書は，工学を俯瞰的に理解し，新たな価値を創造する技術者の養成に求められる教養とは何かを，工科系学生とともに考えていくための土台づくりを目指して刊行されたものです。本書が少しでも，工学を学ぶ学生の皆さんの役に立つものとなれば幸いです。

最後に，本書の出版をご快諾くださった知泉書館社長の小山光夫氏と，知泉書館に仲介・紹介してくださった川添信介先生（京都大学名誉教授，福知山公立大学学長）に厚く御礼申し上げます。

2022年11月

上　原　直　人

人名索引

ア　行

カ　行

サ　行

人名索引

タ　行

ナ　行

ハ　行

マ　行

ラ・ワ　行

事 項 索 引

あ 行

か 行

さ　行

た　行

事項索引

な行

は行

ま行

や　行

ら　行

執筆者紹介
（掲載順）

藤本　温（ふじもと・つもる）　序章，第2章
1964年生，京都大学大学院文学研究科博士後期課程修了，博士（文学），名古屋工業大学教授。専門は西洋中世哲学，技術者倫理
〔主要業績〕『西洋中世の正義論―哲学史的意味と現代的意義』晃洋書房，2020（共編著），「西洋中世の認識論」伊藤邦武・山内志朗・中島隆博・納富信留編『世界哲学史4―中世II　個人の覚醒』ちくま新書，2020，137-157頁。

瀬口 昌久（せぐち・まさひさ）　第1章
1959年生，京都大学大学院文学研究科博士後期課程単位取得退学，博士（文学），名古屋工業大学教授。専門は西洋古代哲学，工学倫理
〔主要業績〕『魂と世界―プラトンの反二元論的世界像』京都大学学術出版会，2002，『老年と正義―西洋古代思想にみる老年の哲学』名古屋大学出版会，2011。

川島 慶子（かわしま・けいこ）　第3章
1959年生，東京大学大学院理学系研究科博士課程単位取得退学，名古屋工業大学教授。専門は科学史
〔主要業績〕『拝啓キュリー先生―マリー・キュリーとラジウム研究所の女性たち』ドメス出版，2021，『エミリー・デュ・シャトレとマリー・ラヴワジエ―18世紀フランスのジェンダーと科学』東京大学出版会，2005。

犬塚　悠（いぬつか・ゆう）　第4章
1987年生，東京大学大学院学際情報学府博士課程単位取得退学，博士（学際情報学），名古屋工業大学准教授。専門は近代日本哲学，環境・技術倫理学
〔主要業績〕「風土と環境倫理―風景はどのようにしてできるのか」吉永明弘・寺本剛編『環境倫理学』昭和堂，2020，191–206頁，「和辻倫理学の環境倫理学的・技術倫理学的意義―環境を内包する人間存在の倫理学」『倫理学年報』日本倫理学会，69，2020，40-50頁。

古結 諒子（こけつ・さとこ）　第5章
1981年生，お茶の水女子大学大学院人間文化研究科博士後期課程修了，博士（人文科学），名古屋工業大学准教授。専門は日本近代史，外交史
〔主要業績〕『日清戦争における日本外交―東アジアをめぐる国際関係の変容』名古屋大学出版会，2016，「日清戦争終結に向けた日本外交と国際関係―開戦から「三国干渉」成立に至る日本とイギリス」『史学雑誌』120編9号，2011，1-35頁。

小田　亮（おだ・りょう）　第6章
1967年生，東京大学大学院理学系研究科博士課程修了，博士（理学），名古屋工業大学教授。専門は比較行動学，自然人類学
〔主要業績〕『利他学』新潮選書，2011，『進化でわかる人間行動の事典』朝倉書店，2021（共編著）。

執筆者紹介

田中　優子（たなか・ゆうこ）　第 7 章
1978 年生，京都大学大学院教育学研究科博士後期課程修了，博士（教育学），名古屋工業大学准教授。専門は認知科学，実験心理学
〔主要業績〕 田中優子・犬塚美輪・藤本和則「誤情報持続効果をもたらす心理プロセスの理解と今後の展望：誤情報の制御に向けて」『認知科学』日本認知学会，29 巻 3 号，2022，509-527 頁，Yuko Tanaka. (2021). Social media technologies and disaster management. Mihoko Sakurai & Rajib Shaw (Eds.). *Emerging technologies for disaster resilience: Practical cases and theories*. Springer, p.127-143.

川崎　雄二郎（かわさき・ゆうじろう）　第 8 章
1984 年生，京都大学大学院経済学研究科博士後期課程修了，博士（経済学），名古屋工業大学准教授。専門は数理経済学，ゲーム理論
〔主要業績〕 Masahiro Goto, Atsushi Iwasaki, Yujiro Kawasaki, Ryoji Kurata, Yosuke Yasuda and Makoto Yokoo (2016) "Strategyproof matching with regional minimum and maximum quotas," *Artificial Intelligence*, Vol.235, pp.40-57., 川崎雄二郎「結婚支援サービス事業がもたらす効果に関する理論分析」水野敬三編著『地域活性化の経済分析―官と民の力を活かす』中央経済社，2023（公刊予定）。

上原　直人（うえはら・なおと）　第 9 章，あとがき
1975 年生，東京大学大学院教育学研究科博士課程単位取得退学，博士（教育学），名古屋工業大学教授。専門は社会教育学，生涯学習論
〔主要業績〕『近代日本公民教育思想と社会教育―戦後公民館構想の思想構造』大学教育出版，2017，「グローバル時代のシティズンシップ教育」佐藤一子・大安喜一・丸山英樹編『共生への学びを拓く―SDGs とグローカルな学び』エイデル研究所，2022，215-230 頁。

〔工科系学生のための〈リベラルアーツ〉〕　　ISBN978-4-86285-379-0

2023 年 2 月 15 日　第 1 刷印刷
2023 年 2 月 20 日　第 1 刷発行

編　者　藤　本　　　温
　　　　上　原　直　人
発行者　小　山　光　夫
印刷者　藤　原　愛　子

発行所　〒 113-0033 東京都文京区本郷 1-13-2
電話 03（3814）6161 振替 00120-6-117170
http://www.chisen.co.jp
株式会社 知泉書館

Printed in Japan　　印刷・製本／藤原印刷